国家重点学科"东北大学科学技术哲学研究中心"
教育部"科技与社会（STS）"哲学社会科学创新基地
辽宁省普通高等学校人文社会科学重点研究基地
东北大学科技与社会（STS）研究中心
东北大学"陈昌曙技术哲学发展基金"
出版资助

中国技术哲学与STS论丛（第三辑）

Chinese Philosophy of Technology and STS Research Series

丛书主编：陈凡　朱春艳

工程共同体中的工程设计研究

尹文娟◎著

中国社会科学出版社

图书在版编目（CIP）数据

工程共同体中的工程设计研究／尹文娟著．—北京：中国社会
科学出版社，2020.8

（中国技术哲学与 STS 论丛／陈凡，朱春艳主编）
ISBN 978－7－5203－6545－1

Ⅰ.①工…　Ⅱ.①尹…　Ⅲ.①技术哲学—工程设计—研究
Ⅳ.①N02

中国版本图书馆 CIP 数据核字（2020）第 090059 号

出　版　人	赵剑英
责 任 编 辑	冯春凤
责 任 校 对	张爱华
责 任 印 制	张雪娇

出　　　版	中国社会科学出版社
社　　　址	北京鼓楼西大街甲 158 号
邮　　　编	100720
网　　　址	http://www.csspw.cn
发 行 部	010－84083685
门 市 部	010－84029450
经　　　销	新华书店及其他书店

印　　　刷	北京君升印刷有限公司
装　　　订	廊坊市广阳区广增装订厂
版　　　次	2020 年 8 月第 1 版
印　　　次	2020 年 8 月第 1 次印刷

开　　　本	710×1000　1/16
印　　　张	11
插　　　页	2
字　　　数	154 千字
定　　　价	68.00 元

凡购买中国社会科学出版社图书，如有质量问题请与本社营销中心联系调换
电话:010－84083683

总　序

　　哲学是人类的最高智慧，它历经沧桑岁月却依然万古常新，永葆其生命与价值。在当下，哲学更具有无可取代的地位。

　　技术是人利用自然最古老的方式，技术改变了自然的存在状态。当技术这种作用方式引起人与自然关系的嬗变程度，达到人们不能立即做出全面、正确的反应时，对技术的哲学思考就纳入了学术研究的领域。特别是一些新兴的技术新领域，如生态技术、信息技术、人工智能、多媒体、医疗技术、基因工程等出现，技术的本质、技术作用自然的深刻性，都是传统技术所没有揭示的，技术带来的社会问题和伦理冲突，只有通过哲学的思考，才能让人类明白至善、至真、至美的理想如何统一。

　　现代西方技术哲学的历史可以追溯到100多年以前的欧洲大陆（主要是德国和法国）。德国人 E. 卡普（Ernst Kapp）的《技术哲学纲要》（1877）和法国人 A. 埃斯比纳斯（Alfred Espinas）的《技术起源》（1897）是现代西方技术哲学生成的标志。国外的技术哲学研究经过100多年的发展，如今正在由单一性向多元性方法论逐渐转变；正在寻求与传统哲学的结合，重新建构技术哲学动力的根基；正在进行工程主义与人文主义的整合，将工程传统中的专业性与技术的文化形式或文化惯例的考察相结合；正在着重于技术伦理、技术价值的研究，出现了一种应用于实践的倾向——即技术哲学的经验转向。

　　与技术哲学相关的另一个较为实证的研究领域就是科学技术与

社会（Science Technology and Society）。随着技术科学化之后，技术给人类社会带来了根本性变化，以信息技术和生命科学等为先导的20世纪科技革命的迅猛发展，深刻地改变了人类的生产方式、管理方式、生活方式和思维方式。科学技术对社会的积极作用迅速显现。与此同时，科学技术对社会的负面影响也空前突出。鉴于科学对社会的影响价值也需要正确地加以评估，社会对科学技术的影响也成为认识科学技术的重要方面，促使STS这门研究科学、技术与社会相互关系的规律及其应用，并涉及多学科、多领域的综合性新兴学科逐渐蓬勃发展起来。

早在20世纪60年代，美国就兴起了以科学技术与社会（STS）之间的关系为对象的交叉学科研究运动。这一运动包括各种各样的研究方案和研究计划。20世纪80年代末，在其他国家，特别是加拿大、英国、荷兰、德国和日本，这项研究运动也都以各种形式积极地开展着，获得了广泛的社会认可。90年代以后，它又获得了蓬勃发展。目前STS研究的全球化，出现了多元化与整合化并存的特征。欧洲学者强调STS理论研究和欧洲特色（爱丁堡学派的技术的社会形成理论，欧洲科学技术研究协会）；美国STS的理论导向（学科派，高教会派）和实践导向（交叉学科派，低教会派）各自发展，侧重点不断变化；日本强调吸收世界各国的STS成果以及STS研究浓厚的技术色彩（日本STS网络，日本STS学会）；STS研究的全球化和多元化，必然伴随着对STS的系统整合，在关注对科学技术与生态环境和人类可持续发展的关系的研究；关注技术，特别是高技术与经济社会的关系；关注对科学技术与人文（如价值观念、伦理道德、审美情感、心理活动、语言符号等）之间关系的研究都与技术哲学的研究热点不谋而合。

中国的技术哲学和STS研究虽然起步都较晚，但随着中国科学技术的快速发展，在经济上迅速崛起，学术氛围的宽容，不仅大量的实践问题涌现，促进了技术哲学和STS研究，也由于国力的增强，技术哲学和STS研究也得到了国家和社会各界的越来越多的支持。

　　东北大学科学技术哲学研究中心的前身是技术与社会研究所。早在 20 世纪 80 年代初，在陈昌曙教授和远德玉教授的倡导下，东北大学就将技术哲学和 STS 研究作为重要的研究方向。经过二十多年的积累，形成了东北学派的研究特色。2004 年成为教育部"985工程"科技与社会（STS）哲学社会科学创新基地，2007 年被批准为国家重点学科。东北大学的技术哲学和 STS 研究主要是以理论研究的突破创新体现水平，以应用研究的扎实有效体现特色。

　　《中国技术哲学与 STS 研究论丛》（以下简称《论丛》）是东北大学科学技术哲学研究中心和"科技与社会（STS）"哲学社会科学创新基地以及国内一些专家学者的最新研究专著的汇集，涉及科技哲学和 STS 等多学科领域，其宗旨和目的在于探求科学技术与社会之间的相互影响和相互作用的机制和规律，进一步繁荣中国的哲学社会科学。《论丛》由国内和校内资深的教授、学者共同参与，奉献长期研究所得，计划每期出版五本，以书会友，分享思想。

　　《论丛》的出版必将促进我国技术哲学和 STS 学术研究的繁荣。出版技术哲学和 STS 研究论丛，就是要汇聚国内外的有关思想理论观点，造成百花齐放、百家争鸣的学术氛围，扩大社会影响，提高国内的技术哲学和 STS 研究水平。总之，《论丛》将有力地促进中国技术哲学与 STS 研究的进一步深入发展。

　　《论丛》的出版必将为国内外技术哲学和 STS 学者提供一个交流平台。《论丛》在国内广泛地征集技术哲学和 STS 研究的最新成果，为感兴趣的国内外各界人士提供一个广泛的论坛平台，加强相互间的交流与合作，共同推进技术哲学和 STS 的理论研究与实践。

　　《论丛》的出版还必将对我国科教兴国战略、可持续发展战略和创新型国家建设战略的实施起着强有力的推动作用。能否正确地认识和处理科学、技术与社会及其之间的关系，是科教兴国战略、可持续发展战略和创新型国家建设战略能否顺利实施的关键所在。

技术哲学和 STS 研究涉及科学、技术与公共政策，环境、生态、能源、人口等全球问题和 STS 教育等各方面问题的哲学思考与实践反思。《论丛》的出版，使学术成果能迅速扩散，必然会推动科教兴国战略、可持续发展战略和创新型国家建设战略的实施。

中国是历史悠久的文明古国，无论是人类科技发展史还是哲学史，都有中国人写上的浓重一笔。现在有人称，"如果目前中国还不能输出她的价值观，中国还不是一个大国。"学术研究，特别是哲学研究，是形成价值观的重要部分，愿当代的中国学术才俊能在此起步，通过点点滴滴的扎实努力，为中国能在世界思想史上再书写辉煌篇章而作出贡献。

最后，感谢《论丛》作者的辛勤工作和编委会的积极支持，感谢中国社会科学出版社为《论丛》的出版所作的努力和奉献。

陈　凡　罗玲玲
2008 年 5 月于沈阳南湖

General Preface

Philosophy is the greatest wisdom of human beings, which always keeps its spirit young and keeps green forever although it has experienced great changes that time has brought to it. At present, philosophy is still taking the indispensable position.

Technology represents the oldest way of humans making use of the nature and has changed the existing status of the nature. When the functioning method of technology has induced transmutation of the relationship between humans and the nature to the extent that humans can not make overall and correct response, philosophical reflection on technology will then fall into academic research field. Like the appearance of new technological fields, especially that of ecotechnology, information technology, artificial intelligence, multimedia, medical technology and genetic engineering and so on, the nature of technology and the profoundness of technology acting on the nature are what have not been revealed by traditional technology. The social problems and ethical conflicts that technology has brought about have not been able to make human beings understand how the ideals of becoming the true, the good and the beautiful are united without depending on philosophical pondering.

Modern western technological philosophy history can date back to over 100 years ago European continent (mainly Germany and France). German Ernst Kapp's Essentials of Technological Philosophy (1877) and French Alfred Espinas' The Origin of Technology (1897) represent the emergence of modern western technological philosophy. After one hundred year's development, overseas research on technological philosophy is now transforming from uni – methodology to multi – methodology; is now seeking for merger with traditional philosophy to reconstruct the foundation of technological philosophy impetus; is now conducting the integration of engineering into humanity to join traditional specialty of engineering with cultural forms or routines of technology; is now focusing on research on technological ethnics and technological values, resulting in an application trend——that is, empiric – direction change of technological philosophy.

Another authentic proof – based research field that is relevant to technological philosophy is science technology and society. With technology becoming scientific, it has brought about fundamental changes to human society, and the rapid development of science technology in the 20th century has deeply changed the modes of production, measures of administration, lifestyles and thinking patterns, with information technology and life technology and so on in the lead. The positive impacts of science technology on the society reveal themselves rapidly. Meanwhile, the negative impacts of it are unprecedented pushy. As the effects of science on the society need evaluating in the correct way, and the effects of the society on science technology has also become an important aspect in understanding science technology, the research science of STS, the laws and application of the relationship between technology and the society, some newly developed disciplines concerning multi – disciplines and multi – fields are flourishing.

As early as 1960s, a cross – disciplinary research campaign targeting at the relationship between science technology and the society (STS) was launched in the United States. This campaign involved a variety of research schemes and research plans. In the late 1980s, in other countries especially such as Canada, the UK, the Netherlands, Germany and Japan, this research campaign was actively on in one form or another, and approved across the society. After 1990s, it further flourished. At present, the globalization of STS research has becoming typical of the co – existence of multiplicity and integration. The European scholars stress theoretical STS research with European characteristics (i. e. Edingburg version of thought, namely technology – being – formed – by – the – society theory, Science Technology Research Association of Europe); STS research guidelines of the United States (version of disciplines and version of Higher Education Association) and practice guidelines (cross – discipline version and version of Lower Education Association.) have developed respectively and their focuses are continuously variable. Japan focuses on taking in STS achievements of countries world – wide as well as clear technological characteristic of STS research (Japanese STS network and Japanese STS Association); the globalization and the multiplicity of STS research are bound to be accompanied by the integration of STS system and by the concern of research on the relationship between science technology, ecological environment and human sustainable development; attention is paid to the relationship between the highly – developed technology and the economic society; the concern of research on the relationship between science technology and humanity (such as the values, ethnic virtues, aesthetic feelings, psychological behaviors and language signs, etc.) happens to coincide with the research focus of technological philosophy.

Chinese technological philosophy research and STS research have risen rapidly to economic prominence with the fast development of Chinese science technology; the tolerance of academic atmosphere has prompted the high emergence of practical issues and meanwhile the development of technological philosophy research and STS research; more and more support of technological philosophy research and STS research is coming from the nation as well as all walks of life in the society with the national power strengthened.

The predecessor of Science Technological Philosophy Study Center of Northeastern University is Technological and Social Study Institute of the university. Northeastern University taking technological philosophy research and STS research as an important research direction dates back to the advocacy of Professor Chen Chang – shu and Professor Yuan De – yu in 1980s. The research characteristics of Northeastern version has been formed after over 20 years' research work. The center has become an innovation base for social science in STS Field of "985 Engineering" sponsored by the Ministry of Education in 2004 and approved as a key discipline of our country in 2007. Technological philosophy research and STS research of Northeastern University show their high levels mainly through the breakthrough in theoretical research and show their specialty chiefly through the down – to – earth work and high efficiency in application.

Chinese Technological Philosophy Research and STS Research Series (abbreviated to the Series) collects recent research works by some experts across the country as well as from our innovation base and the Research Center concerning multi – disciplines in science technology and STS fields, on purpose to explore the mechanism and laws of the inter – influence and inter – action of science technology on the society, to further flourish Chinese philosophical social science. The Series is the co – work of some expert professors and scholars domestic and abroad whose long – termed devotion promotes the completeness of the manuscript. It has been planned that five volumes are published for each edition, in order to make friends and share ideas with the readers.

The publication of the Series is certain to flourish researches on technological philosophy and STS in our country. It is just to collect relevant theoretical opinions at home and abroad, to develop an academic atmosphere to? let a hundred flowers bloom and new things emerge from the old, to expand its influence in the society, and to increase technological philosophy research and STS levels. In all, the collections will strongly push Chinese technological philosophy research and STS research to develop further.

The publication of the Series is certain to provide technological philosophy and STS researchers at home and abroad with a communicating platform. It widely collects the recent domestic and foreign achievements of technological philosophy research and STS research, serving as a wide forum platform for the people in all walks of life nationwide and worldwide who are interested in the topics, strengthening mutual exchanges and cooperation, pushing forward the theoretical research on technological philosophy and STS together with their application.

The publication of the Series is certain to play a strong pushing role in implementing science – and – education – rejuvenating – China strategies, sustainable – development strategies and building – innovative – country strategies. Whether the relationships between Science, technology and the society can be correctly understood and dealt with is the key as to whether those strategies can be smoothly carried out. Technological philosophy and STS concern philosophical considerations and practical reflections of various issues such as science, technology and public policies, some global issues such as environment, ecology, energy and population, and STS education. The publication of the Series can spread academic accomplishments very quickly so as to push forward the implementation of the strategies mentioned above.

China is an ancient country with a long history, and Chinese people have written a heavy stroke on both human science technology development history and on philosophy history. "If China hasn't put out its values so far, it cannot be referred to as a huge power", somebody comments now. Academic research, in particular philosophical research, is an important part of something that forms values. It is hoped that Chinese academic genius starts off with this to contribute to another brilliant page in the world's ideology history.

Finally, our heart – felt thanks are given to authors of the Series for their handwork, to the editing committee for their active support, and to Chinese Social Science Publishing House for their efforts and devotion to the publication of the Series.

Chen Fan and Luo Ling – ling

on the South Lake of Shenyang City in May, 2008

目　录

第一章 绪 论

第一节 问题的提出

如果从第一部可以被算得上是对工程设计进行涉猎的作品《科学、艺术和工艺的理性字典》①（1751—1772）（即法兰西的《百科全书》）算起的话，那么关于工程设计的理论研究其实已经有很长一段时间的历史了。然而真正从哲学视角审视工程设计，却是自20世纪80年代以降西方技术哲学发生经验转向之后才开始的。

在大致从20世纪20年代到80年代这段时间中，西方技术哲学的研究旨趣呈现出了一种家族相似性②，即，开始对启蒙运动时期由笛卡尔、培根、霍布斯和莱布尼茨等人渲染的工程、技术乐观主义进行反思，倡导用批判的目光看待当代技术③（工程）给人类以及社会带来的影响。例如海德格尔这位现象学和存在主义之父宣称，"当代技术（工程）已经入侵到我们整个的思维方式和情感

---

① 这也是第一部有据可考的完整的技术史作品（参见卡尔·米切姆的《通过技术的思考：工程与哲学之间的道路》中译本第145页），用粗糙的手法记录了一些早期工艺如冶金、机械的制作方法、用途、规格说明等，因此笔者将其看作是对当时工程设计方法的记载。

② 荷兰学者菲利普·布雷（Philippe Brey）将这一时期的研究称为"古典技术哲学"。

③ 本书会在第二章中仔细分析英文的"technological system"与汉语的"工程"之间的语义重合关系，此处暂时统一使用"技术哲学"或者"技术"以免在介绍经验转向时发生不必要的歧义，这毕竟是西方的一次思潮。

中，它将人类和世界都变成了自己的持存物——一种具有实用价值的商品"①；埃吕尔则将技术（工程）描绘成一个永不停息的自主力量，技术（工程）按照自己的逻辑建构着社会和政治制度，破坏了人类的自我决定性，使得人类对技术（工程）失去了控制权，这样一来"人类的生活质量不但没有提高，反而在理性化、齐一化、异化和肤浅消费中变得更糟"②，不得不说，埃吕尔的技术决定论至今仍然有不少的理论拥趸；法兰克福学派则走得更远，他们运用社会批判理论直接将矛头指向启蒙运动，在 1947 年出版的《启蒙辩证法》③ 一书中提出：正是启蒙运动导致了技术理性，从而使自然和人类都成了被主导的对象，引发了法西斯主义和集权社会。可以说，这一时期的经典哲学家们在反思启蒙运动带来的工程、技术乐观主义的同时却不经意间走向了另一个极端——过分关注工程、技术负面的消极性，贬低其积极的方面，这样就使得他们的研究带有了一些明显不足。一方面由于承认工程、技术的自主，人类选择在这些哲学家们看来已经变得无足轻重；另一方面，"技术"（工程）在他们笔下被统一处理为抽象的整体，即"大写的T"④，这样一来不仅个体技术之间的差别被取消了，而且那些具体的技术实践、工程物建造以及决策制定过程的细节（即，每一个具体工程、技术和具体问题发生的语境）也被忽略不计。

---

① Philip Brey, "Philophy of Technology after the Empirical Turn", *Techne*, Vol. 14, No. 1, 2010, p. 3.

② Ibid.

③ ［德］马克斯·霍克海默、西奥多·阿多诺：《启蒙辩证法》，洪佩郁等译，重庆出版社 1990 年版，第 28 页。

④ 之所以会出现这种情况，笔者认为与这一时期社会学结构—功能主义对哲学的影响不无关系。结构—功能主义习惯于为影响人类生活的诸因子冠以如经济、政治、文化、社会、技术、男性、女性等诸如此类掩盖差异性的概念，然后探讨它们之间的各种关系。那么"经济"这一概念具体对应的是哪些事物呢？而所有"女性"的诉求都是同一的吗？笔者以为，某种程度上或许恰是由于这种结构化的处理，使得无论是"技术"也好，"工程"也好，不同的个体由于切身经验的不同总是会有不同的理解，因而很难找到一个无争议的定义。

出于对古典技术哲学这些缺陷的不满,自 20 世纪 80 年代末期至今,哲学家们逐渐放弃过去宏大叙事式的描述,转而采用更经验式的研究。他们开始希望能够用精确描述式而非评价式的方式来看待具体的实践、技术和工程物及其生发的语境以理解当代工程、技术的内在组织,同时使用不那么决定论而更建构论或语境化的概念,并承认非技术因子尤其是人类选择的重要意义,认为"人类选择在工程设计和技术使用中扮演了重要的角色,不同的选择会产生不同的社会后果"①,从而展示出技术、工程多样化的实践内涵。这一新的进路就是技术哲学的"经验转向"②。

经验转向下的技术哲学对具体"语境"(context)的重视是为了解析技术(工程)与社会或者说非技术因子之间相互形塑的关系,从而打开工程、技术诞生的黑箱,驳斥技术决定论。而设计是工程的基点,同时设计又是人工物或者工程集成体从功能需要到物理实现的过程,需求识别、目标确定、方案遴选、方案确定、设计进行、设计完成的评判等都蕴含了大量的人类设计师以及社会的意图和选择,是探讨语境对工程、技术影响的丰富素材,因而这一时期很多哲学家以及对哲学有浓厚兴趣的工程师都将目光聚焦在工程设计或者产品设计上。到目前为止,学者们尝试着引入文化学、媒介与传播学、STS(科学技术论)、社会学等多种学科中的不同方法来对工程设计的过程和结构诞生的语境进行理解,出版了一系列优秀的作品,例如 80 年代初期技术社会学家平齐(Trevor Pinch)、比克(Wiebe Bijker)合写的《事实与人工物的社会建构》,技术史学家休斯(Thomas P. Hughes)发表的《电力系统:1880—1930年间西方的电气化》,工程师文森蒂(Walter G. Vencenti)的《工程师知道什么以及如何知道》和《作为设计工具的工程理论的实

---

① Sergio Sismondo, *An Introduction to Science and Technology Studies*, Hoboken:Wiley – Blackwell, 2003.

② Philip Brey, "Philophy of Technology after the Empirical Turn", *Techne*, Vol. 14, No. 1, 2010, p. 4.

验评估》，麻省理工学院工程学教授 L. 布恰瑞利（Louis Bucciarel-li）的《设计工程师》和《工程哲学》等；尤其是布恰瑞利的《设计工程师》一书仿照科学社会学家拉图尔的做法，运用田野调查方法，通过对三个工程设计项目做人类学考察，几乎将设计整个过程涉及的语境推到了极致。

经验转向在西方智识思潮中另一个重要的意义在于它提示了学者对"engineering"进行独立的思考。一直以来，关于 engineering 的讨论都是囊括在对 technology 的探讨中进行的，两个词在英文中几乎是可以互换的，这一点从美国技术学家卡尔·米切姆著名的《通过技术的思考：哲学与工程之间的道路》一书的书名就可窥见一斑。但经验转向倡导的"技术哲学要努力仔细描述和分析工程实践和产品，达到一种经验的、完全描述的关于技术和工程的理论"[①] 的做法，使得技术哲学的从业群体中出现了一群具有科学和工程背景的哲学家以及对哲学深感兴趣的工程师，从而使技术哲学研究呈现出区别于社会—导向型（society - oriented）的工程—导向型（engineering - oriented）的研究。需要指出的是，这与美国学者卡尔·米切姆在划分古典技术哲学从业群体时所说的"工程主义的技术哲学"（engineering philosophy of technologe，即，EPT）还是有所区别的，EPT 的主要实践者是工程师，而后者的实践者既有具备科学和工程背景的哲学家，也有对哲学有浓厚兴趣的工程师，而且工程—导向型的研究倾向于对工程、技术提供一种中立的、描述式的讨论，而不是如早期那种乐观主义的陈述。这一点恰好也是我国工程哲学研究目前表现出来的一个特征。这种研究到 2000 年的时候达到了全盛，这一时期的这些研究者甚至倡议要建立独立的工程与哲学之间关系的研究以摆脱技术哲学的笼罩，并认为这是

---

① Philip Brey, "Philosophy of Technology after the Empirical Turn", *Techne*, Vol. 14, No. 1, 2010, p. 4.

"一项新兴的事业"[1]，不过这一倡议在西方学术界并未得到太多的回应，因为在关于 engineering 到底是什么，它与哲学的关系到底应该表述为 engineering and philosophy（工程与哲学），engineering in philosophy（哲学中的工程）还是 engineering of philosophy（工程哲学)[2]，关于它的哲学讨论又应该包括哪些，学者们莫衷一是，不过"所有人却都认为设计对于工程来说是最重要的"[3]，因为"是设计将工程与科学和数学区分开"[4] 了。

几乎也是在 20 世纪 80 年代末期西方经验转向发生的时候，我国也同时在哲学界和工程界兴起了对工程本身及其相关议题的哲学讨论。1988 年中国科学院研究生院李伯聪教授出版《人工论提纲》[5]，1992 年又发表《我造物故我在——简论工程实在论》[6]，呼吁要建立一个新的研究领域——工程哲学。我国学者这种用哲学观照工程的倡议在时间上显然要早于西方。2002 年李伯聪教授耗费二十年时间思考写成的《工程哲学引论——我造物故我在》一书正式出版，与此同时陈昌曙[7]、徐长福[8]等人也分别撰文提出要独立研究"工程"并重视工程与技术的差异，这些著作的相继问世被"看作是工程哲学这个学科在中国正式开创的标志"[9]。同样与西方工程哲学诞生相似的一点是，工程师在中国的工程研究中也发

① Ibo van de Poel，"Philosophy and Engineering：Setting the Stage"，*Philosophy and Engineering*，Manhattan：Springer，2010.

② Broome，T. H. Jr. Imagination for Engineering Ethics. P. T. Durbin. *Broad and Narrow Interpretation of Philosophy of Technology.* Dordrecht：Kluwer Academic Publishers，1990：45.

③ Ibo van de Poel，"Philosophy and Engineering：Setting the Stage"，*Philosophy and Engineering*，Manhattan：Springer，2010，p. 3

④ Ibid. ，p. 5

⑤ 李伯聪：《人工论提纲》，陕西科技出版社 1998 年版。

⑥ 李伯聪：《我造物故我在——简论工程实在论》，《自然辩证法研究》1993 年第 12 期。

⑦ 陈昌曙：《重视工程、工程技术和工程家》，载刘则源、王续琨《工程·技术·哲学——2001 年技术哲学研究年鉴》，大连理工大学出版社 2002 年版。

⑧ 徐长福：《理论思维与工程思维》，上海人民出版社 2002 年版。

⑨ 余道游：《工程哲学的兴起及当前发展》，《哲学动态》2005 年第 9 期。

挥了重要作用，甚至正是工程师最终促成了工程哲学在中国的创立和建制化，这一点与西方工程哲学的发展还是有很大分别的。"中国工程院于 2004 年正式立项研究工程哲学问题"①，并于 2007 年出版了《工程哲学》，确定了中国学者研究工程哲学的基本概念框架。之后，我国也将工程设计看作毫无争议的最具有哲学研究价值的议题之一，因为"在工程设计中，工程活动的许多基本特征都得到了集中体现"②，因此"在工程哲学的视野或视域中，对设计问题的研究就顺理成章、势不可挡地成为一个焦点研究课题了"③。更加巧合的是，由于我国工程哲学从建立之初就将工程置于"自然—人—社会"的三元关系中④，并指出它的特征是"选择""建构"和"集成"，因此可以说我国对于工程哲学的研究从一开始就是"语境主义"（contextualism）的。不仅如此，我国学者还提出了极富语境色彩的概念，如李伯聪教授的"工程共同体"，殷瑞钰院士的"工程演化论"，这两个核心概念已经成为解释工程各项活动与社会诸多因子之间互动的一个指涉框架，尤其是"工程演化"的概念，不仅是工程内部诸因子如工程管理、工程设计、工程建设、生产运行等之间关系的解释工具，同时它还将工程与如资金、资源等直接外部因素之间相互形塑的过程和机制也涵盖在内。

工业化之后，工程活动以及工程集成体已经成为影响人类及社会最重要的一支力量，这大概也就是为何东西方几乎会在同一时间开始尝试着从哲学视角思考工程，思考工程中最重要的部分——工程设计。正如前述，虽然东西方的哲学家和工程师们目前就工程设计是在"语境"中生成的这一点已经达成共识，并分别进行了相关细致的研究，但他们各自的研究仍然存在一些不足之处。对于西

---

① 殷瑞钰、汪应洛、李伯聪等：《工程哲学》，高等教育出版社 2007 年版。
② 李伯聪：《选择与建构》，科学出版社 2008 年版，第 239 页。
③ 同上书，第 238 页。
④ 殷瑞钰、汪应洛、李伯聪等：《工程哲学》，高等教育出版社 2007 年版，第 1页。

方学者来说，他们过分狭隘地将工程以及工程设计理解为工程师的事情，"工程是工程师以工程师的能力所做的事"①，忽略了与工程设计相关的其他群体，如政策制定者、投资者、工人、使用者等在这一过程中直接或间接的作用；而且他们使用的深度描写的叙事方式在打开工程设计这一黑箱上确实提供了有益的帮助，比如布恰瑞利在《设计工程师》一书中将每一次讨论会上各个工程师参与的发言、动作都记录下来，这的确为后继研究提供了丰富的资料，释放了工程理性以外的另一面，但是这种对细节的过分关注在肯定了"工程设计是一个社会过程"② 的同时却滑向了极端的社会建构主义，稀释了技术理性在设计中的主导作用。对于中国学者来说，"工程共同体"概念的提出意味着我们已经意识到工程在当前社会早已不再是由工程师一个群体实施的，而是在共同体的语境中完成的，也就是说我们从一开始便承认工程设计的语境性，但目前为止除了对工程设计伦理蕴含的探讨外，尚未有一份完整的研究探讨工程共同体中各个成员结构是如何与工程设计互相影响的，这样一来不免使工程设计又成了工程师独立的行为，"语境"在这里似乎也成了纸上谈兵。笔者立足于工程共同体提供的语境分析框架，在西方人类学参与式的考察与社会学结构—功能式的描述之间尝试用一种均衡的分析方法对投资者、管理者、工程师、工人、公众与工程设计之间的关系进行考察，找到工程共同体与工程设计关系的演绎机制和一般特征，从而祛魅工程设计过程本身，凸显它是一种在理性知识主导下的充满各种各样经验知识、协商、妥协的选择与建构过程。

此外，中国的工程哲学与西方的工程研究由于对"工程"含义理解上的差别，还没能实现完全对话，不过二者同时将工程设计

① Ibo van de Poel，"Philosophy and Engineering：Setting the Stage"，*Philosophy and Engineering*，Manhattan：Springer，2010，p. 3.

② Louis L. Bucciarelli，*Engineering Philosophy*，Netherlands：DUP Satellite，2003，p. 19.

这一最具哲学意蕴的议题作为研究焦点，因此笔者希望本书在为工程设计在中国语境下的实施提供一点思考的同时，还可以为东西方工程哲学发展提供一些对话的空间。

第二节　选题的意义

一　理论意义

殷瑞钰院士在探讨工程文化时曾用图示指出工程包括工程决策、工程规划、工程设计、工程建设、生产运行和工程管理①。也就是说，工程其实是各种子活动的加和，而不同的工程子活动是由不同的成员在共同行为规则——即，工程文化——的纽带关联下从事的。这就意味着每一项子活动都与构成工程中的其他活动是息息相关的，从而与其他成员也是息息相关的，同时也说明工程与工程共同体其实是互相指涉的，就像一个硬币的两面——工程是工程共同体中各个成员从事的行为的加和，而工程共同体最终实现的就是一项工程项目。

在工程共同体的框架下考察工程设计，考察工程师以及共同体其他成员如投资者、管理者、技术工人以及公众对于工程设计的影响，揭示出他们的思维和行动对工程设计这一工程中最核心、最理性化的活动所施加的影响，一方面是对上述工程内涵的一种理论回应，另一方面印证了工程本体论主旨，凸显了工程的特征是集成与构建，从而驳斥了"工程是应用科学"的论调。马克思曾经说"哲学家们只是用不同的方式解释世界，而问题在于改变世界"②，我国的工程哲学沿着马克思指引的方向，从诞生起就强调"工程现实地塑造了自然的面貌、人和自然的关系，现

---

① 殷瑞钰、汪应洛、李伯聪等：《工程哲学》，高等教育出版社 2007 年版，第 16 页。

② 《马克思恩格斯选集》第 1 卷，人民出版社 1972 年版，第 19 页。

实地塑造了人类的生活世界和人本身，塑造了社会的物质面貌，并且具体体现了人与人之间的社会联系"①，而正是由于对工程实践性的这种关注，使得我国工程哲学学者们从一开始就提出了"工程有自身存在的根据，有自身的结构、运动和发展规律，有自身的目标指向和价值追求"②的工程本体论主张；在工程共同体的框架下探讨工程设计行为，可以看到工程设计活动是一个多种异质性人员参与的、按照自身价值标准对多层次价值观、多种要素和目标的选择、集成与构建的过程，而不单单是应用科学的纯粹工具理性过程。

此外，将工程设计置于共同体的语境下考察还有助于将伦理学重新拉回工程哲学的视野当中并扩大现有工程伦理的内涵。由于"工程活动的'第一本性'不是伦理活动"③，因此工程伦理在当前我国工程哲学的探讨中还处于劣势，但通过对工程共同体中的工程设计活动过程的解析表明伦理其实一直都伴随着工程设计的进行。我国学者探讨的工程文化、工程思维其实已经是在进行工程伦理的探讨了，例如中国工程院徐匡迪在《工程师要有哲学思维》一文中强调"工程师必须要树立生态文明的现代工程意识"，"工程还必须和社会、文化相和谐"等观点就是要弘扬一种正确的工程伦理价值观。这样一来，更加表明工程设计从一开始就蕴含了丰富的伦理内涵。

一直以来，东西方的哲学家们都专注于探讨工程师对于工程设计以及工程活动本身具有哪些责任，比如什么样的设计是善的，什么样的设计又是"企图邪恶的"，工程师之间要如何吹响道德的哨子（whistle blowing）等等，然而本书揭示了共同体的各个成员群

---

① 殷瑞钰、李伯聪：《关于工程本体论的认识》，《自然辩证法研究》2013年第7期。
② 同上。
③ 李伯聪：《关于工程伦理学的对象和范围的几个问题——三谈关于工程伦理学的若干问题》，《伦理学研究》2006年第6期。

体都会对工程设计过程产生影响，因此在一定程度他们都需要承担一定的设计伦理责任。美国 20 世纪 90 年代的时候叫停氟利昂冰箱的生产，强制要求工程师考虑在冰箱设计中使用其他不伤害臭氧层的制冷剂就是管理层或者政策制定者设计伦理责任的一种体现。那个时候氟利昂冰箱的设计工艺已经很完善，而且气象学界也没有直接的证据表明氟利昂与臭氧空洞有直接的关联，但出于环境保护的考虑，美国政府还是下达了这样的指令从而直接影响了后续冰箱的设计工艺。美国学者小布鲁姆在 1990 年曾尖锐地指出"对于工程的性质和范围，如果没有一种比当前工程伦理学界流行的观点要广泛得多的理解，工程伦理学的学术就不可能继续繁荣"①，然而这一呼吁并没有在专注工程师职业伦理的西方学术界引起太多的共鸣，这与西方工程哲学界秉持的——工程就是工程师的行为——观点有很大的关系；但自从我国工程哲学建立后，工程共同体概念的提出已经让我们意识到"必须在一个更大的'对象范围'和更广泛的'问题域'中开展和进行'广义工程伦理学'的研究"②，李伯聪教授还分别撰文阐述了宏观伦理、中观伦理和微观伦理，可以说，从共同体的视域考察工程设计有助于深化对这种"情境伦理"③ 的理论思考。

工程科学对工程设计如设计方法论、最优化设计等方面的研究已经非常丰富，不过就像卡尔·米切姆教授在《工程哲学的重要性》一文中呐喊的——"哲学一直没有给予工程以足够的关注"④ ——那样，哲学也一直没有给予工程设计以足够的关注。本

① Broome, T. H. Jr. Imagination for Engineering Ethics. P. T. Durbin. *Broad and Narrow Interpretation of Philosophy of Technology.* Dordrecht：Kluwer Academic Publishers，1990：45.

② 李伯聪：《关于工程伦理学的对象和范围的几个问题——三谈关于工程伦理学的若干问题》，《伦理学研究》2006 年第 6 期，第 28 页。

③ Christelle Didier, Professional Ethics Without a Profession：A French View on Engineering Ethics, *Philosophy and Engineering*, Manhattan：Springer, 2010.

④ Carl Mithcam, *The Importance of Philosophy of Engineering*, XVII, New York：Tecnos, 1998, p. 3.

书希望能对在哲学视野下开展更多样化的工程设计及其他工程活动研究起到一定抛砖引玉的作用。

二　现实意义

从哲学视角探讨工程设计，解析这一过程中不同成员结构对设计过程的贡献从而打开设计的黑箱，对于共同体内部各成员间的相互理解和合作显然是有一定的帮助的。此外，我国工程哲学的开展内在地要求哲学家们"理解工程师的说话方式和思维方式"①而"工程师和工程管理者应该学习哲学"②，从哲学视野理解工程设计过程及其中涉及的种种争议和争议的终止，有助于哲学家和工程师两个群体之间的相互了解。20世纪60年代英国科学家兼小说家 C. P. 斯诺（Charles Percy Snow）提出了著名的"两种文化"，指出科学与人文之间存在着严重的断裂。显然不断加强人文视域下对工程活动的关照，审视工程实践塑造出来的社会实在，从中探索新的哲学命题为两种文化的融合提供了一种有益的尝试。

不仅如此，在《工程研究》发刊词中编者提出"我们应该更加重视在'公众理解工程'方面的问题"③，殷瑞钰院士也曾呼吁"工程应该而且可以塑造可持续发展的未来，工程造福人民，要让公众更多地理解工程"④，本书倡导的在我国现有工程设计的模式中引入参与式设计（Participatory Design）的尝试，不仅有助于公众对工程活动的理解，而且为公众参与工程设计提供了现实可能性，促进了工程的民主化建设。

---

① 殷瑞钰，汪应洛，李伯聪等：《工程哲学》，高等教育出版社 2007 年版，第 25 页。

② 同上书，第 26 页。

③ 杜澄、李伯聪：《工程研究：跨学科视野中的工程》第 1 卷，北京理工大学出版社 2004 年版，第 5 页。

④ 殷瑞钰：《建立工程界和哲学界的联盟，共同推动工程哲学的发展》，《自然辩证法研究》2005 年第 9 期。

第三节　文献综述

一　关于工程设计的已有研究

"工"和"程"二字的合体在《新唐书·魏知古传》中已有所见，但与英文 engineering 的对译却始于"洋务运动时期英国人傅兰雅及其合作者译述了几本题名'工程'的书籍"[①]，尽管如此，"工程"在汉语语境中依然保留了自己的一些特色，并不是英文 engineering 的完全对译，在含义上反倒有时与英文的 technological system 有一定的重合（笔者在第二章中对此会有详细的解释）；此外，由于盎格鲁—撒克逊语系中 technology 和 engineering 大部分时候是可以互换的，因此本书将国外一些探讨 technological design（技术设计）的文献也作为汉语语境中对"工程设计"研究的文献收录进来，而将另外一些英文虽是 engineering design，但显然在含义上与中文的"工程设计"并不完全一样的文献排除在外，如国外将计算机工程的设计也作为 engineering design 的一部分，但"工程"在汉语中更侧重于"人能否改变自然界（物质世界）和应该怎样改变自然界（物质世界）的问题"[②]。

（一）国外关于工程设计的已有研究

1. 早期关于工程设计简单零散的探讨

早期记录工程设计的作品主要采取一种比较粗略的对发明物和手工艺品进行分类和做编年表这样的形式，如辛格、霍姆亚德、霍

---

① 杨盛标、许康：《工程范畴演变考略》，《自然辩证法研究》2002 年第 1 期。

② 李伯聪：《工程哲学引论——我造物故我在》，大象出版社 2002 年版，第 30 页。

尔和威廉斯合编五卷本的《技术史》①，涉及一些关于起重机、水利工程，煤炭开采和利用、冶金，车轮制造等方面的设计规格、式样、用途、材料比配等的简单介绍。

2. 经验转向后关于工程设计与外部社会诸因素之间关系的讨论

经验转向之后对工程设计的讨论相对来说就比较细致了，不过最初进行这项工作的主要是技术史学家和技术社会学家。

平齐（Trevor Pinch）和比克（Wiebe Bijker）在《事实和人工物的社会建构：或曰科学社会学和技术社会学如何影响对方》② 一文中分析了大众是如何影响工程物设计的稳定（stabilization）的。他们以自行车设计的发展作为案例，仔细探讨了最初前轮大后轮小，即 Penny Farthing 式样的自行车在发展中呈现出了多种设计路径，"每一种都与其他的非常不同，但是却同样具有竞争力"③。但一些设计却"死掉了"，另一些设计却"存活"下来。这是因为不同的"消费者"群体如女性、男性、反自行车（anticyclists）群体、老人等对"问题"的界定和意义的赋予是不一样的，因而其需求也不一样，有时这些需求甚至会产生各种冲突，如道德冲突、解决方案上的冲突和技术冲突等。例如男性喜欢高轮子的自行车，这样可以凸显自己男性尊贵的身份和气质，但 19 世纪的女性普遍穿裙子，高轮子的自行车迫使女性改穿裤子，而且相对于矮轮子车型来说，高轮子车型更加不安全。自行车最终式样的形成是无数次不同消费者群体的需求争议与设计师一定边界条件下可实现的设计之间协商的结果。

---

① 查尔斯·辛格、E. J. 霍姆亚德、A. R. 霍尔、特雷弗·I. 威廉斯：《技术史 III》，高亮华、戴吾三译，上海科技教育出版社 2004 年版。

② Trevor J. Pinch and Wiebe W. Bijker, "The Social Construction of Facts and Artifacts: Or How the Sociology of Science and the Sociology of Technology Might Benefit Each Other", *The Social Construction of Technological Systems*, Massachusetts: MIT Press, 1987.

③ Ibid. , p. 28.

　　技术史学家托马斯·休斯（Thomas Hughes）在《电力网络：1880—1930 年间西方社会的电气化》一书中首次提出了 Technological System（直译为技术系统）的概念，这一概念在内涵和外延上与汉语语境中的"工程"非常接近。他在书中考察了白炽灯是如何从爱迪生的孟洛花园实验室中完成并逐步通过加建输电线路、发电站、公用事业公司将电灯在如柏林、伦敦和芝加哥这类大城市中推广起来的。除了对白炽灯本身结构设计与当时配套设计的技术细节如多少电压是合适的、电阻是多少等讨论外，休斯花了很大笔墨探讨不同国家的文化、法律等社会因素对电力工程的设计风格的影响，例如，19 世纪的英国当时还是一个保守的国家，在他们看来用煤油灯比用电灯显得更有情调，因此电灯仅仅被使用在像博物馆这类的公用地方，民用很少，但英国法律同时又规定，如果个人有用电灯的需求的话，爱迪生电照明公司必须予以满足，条件是不可以像在美国那样树立电线杆影响美观。这样一来，为了推广电的使用，爱迪生和其他设计师们不得不重新思考如何在地下输电，对原有已经成功的设计进行改变以满足现实需求。与上面两位技术社会学家相比，休斯并没有对与电有关的群体做抽象的社会结构划分，如划分为男性、女性之类掩盖差异的群体，而是开始通过再现真实的语境，如调查爱迪生与英国政客的对话史料，来让读者自己思考这些不同个体背后所承载的法律、文化的影子。通过对社会诸因素如何影响电气工程设计的分析，休斯还总结出了三个特有的概念，如技术风格（Technological Style），技术动量（Technological Momentum）和落后突出部（Reverse Salient）用以理解设计过程表现出的普遍特征。休斯的这种对大技术系统即工程的语境分析对后期学者尤其是那些工程师出身的哲学家们产生了重要的影响。

　　3. 工程师—哲学家对工程设计"语境"的研究

　　20 世纪 90 年代以后对工程设计研究最为有影响力的要属麻省理工学院的工程学教授布恰瑞利。他钟情于将设计过程置于细致的

"语境"中进行考察，先后发表了多篇相关论文如《工程设计中思想与物体之间》① （2002）， 《设计与学习：语境中的断裂》② （2003），同时还出版了题为《设计工程师》③ （1994） 和《工程哲学》④ 两部著作。在《设计工程师》一书中，他模仿科学社会学家拉图尔的做法，以一个咨询工程师的身份直接参与到三个设计项目中并对这一过程中涉及的工程师的各种行为进行人类学的深度描写，"我的行为就像是一个被邀请去晚宴的人类学家，但我不仅仅去吃饭，我还帮助选购食材，切割食物"⑤。他提醒读者们不要把设计过程看作完全科学和理性的过程，"物理定律或经济要求都不过是设计过程的一部分而已"⑥，"要理解设计过程，必须要对其全部的社会语境和历史背景给予全面的关注"⑦。为了做到这一点，他在书中不仅记录了工程师用到的各种图表和设计草图——这些设计师在设计过程中的可视化表征物，同时还详细记录了 Solaray， Amxray 和 Photoquik 三家设计公司中三个不同项目——光伏组件，机场 X 光检测仪器和影印机——参与者的每一次讨论，甚至这中间每个人的表情和动作，因为他认为有时"笑声对于协商的进行来说也是至关重要的"⑧。书中经常有大段这样的描写：

　　Brad：如果价格持续上涨，我们必须将费用提高到一美金。Tom 去哪了？哦，你在这儿呢。你得为你自己感到幸运，在你来之前我还没有讲到这块。Beth，你最近怎样啊？但 Tom

　　① Louis L. Bucciarelli, "Between Thought and Object in Engineering Design", *Design Studies*, Vol. 23, No. 3, 2002, pp. 219–231.

　　② Louis L. Bucciarelli, "Designing and Learning：A Disjunction in Contexts", *Design Studies*, Vol 24, No. 3, 2003. pp. 295–311.

　　③ Louis L. Bucciarelli, *Design Engineer*, Massachusetts：MIT Press, 1994.

　　④ Louis L. Bucciarelli, *Engineering Philosophy*, Netherlands：DUP Satellite, 2003.

　　⑤ Louis L. Bucciarelli, *Design Engineer*, Massachusetts：MIT Press, 1996, p. X.

　　⑥ Ibid., p. 18.

　　⑦ Ibid.

　　⑧ Ibid., p. 30.

此时还没有看到 Beth。Brad 决定不等 Beth 了，接着讲，于是给参会人员发了一份自己这次提议的提纲副本。

在另一部著作《工程哲学》中布恰瑞利更进一步深化了对设计的思考。他虽然将书名定义为 Engineering Philosophy，但依然是以工程设计为研究对象的，或许是由于设计本身最能体现关于存在的本质和现实的范畴结构这类本体论追问，又或许是因为设计是从思想到物体的转变，"解释产品设计和发展中的参与者是如何将不同的兴趣、信仰和意图转变成一个可以发挥功能的产品"[①]，可以让人们重新认识"工程思想和实践是一个丰润的领地"[②]。在该书中他指出不同的工程师尽管面临同一个设计任务，不过由于所受专业训练的不同，使得他们好像身处不同的"世界"中，因此很多时候比如在关于交界面的各项阈值要如何设定上，这些来自不同"世界"的设计师们就需要不停地协商，仅靠简单的工具手段并不能解决问题，因此布恰瑞利提出"设计，像语言一样，是一个社会过程"[③]。

在该书中，布恰瑞利还从知识论角度探讨了工程师的 know - how。他指出，因为所有的设计语境都充满了不确定性，而且设计本身是一种"不完全决定"（under - determination）的过程，此时工程师由经验累积所致的 know - how 在诊断技术失灵和预测可能出现的问题方面就发挥了重要作用。这对于打破工程设计的理性观有很重要的意义。

另一位供职于杜克大学土木工程系的工程师—哲学家亨利·佩绰斯基（Henry Petroski）也以工程设计作为研究主题，但他侧重于对失败设计的研究，因为在他看来失败带给设计者的启示要远远

---

① Louis L. Bucciarelli, *Engineering Philosophy*, Netherlands：DUP Satellite, 2003, p. 2.

② Ibid.

③ Ibid. , p. 9.

多于成功带来的启示，成功的设计只会让设计者盲目复制过去的经验，但"过去的成功，不论是多么的不计其数，多么的普遍，都不会保证在另一个新的未来情境下同样会获得成功"①，"真正成功的改进是那些专注于局限性，也就是失败的改进"②。当前很多计算机软件理论如基于灰色系统理论的相似度分析方法③旨在对工程进行类比设计分析，减少设计的时间，亨利的这种"通过失败来获取成功的设计悖论"提醒我们慎重对待依靠过往设计经验做法的有效性。

4. 伦理学家对工程设计伦理的关注

或许是人文学者的本性使然，抑或是工程设计本身涉及的艰深难懂的专业知识将人文学者排除在理解之外，纯粹的哲学家们将目光更多投向工程设计中涉及的伦理问题。

迈克尔·戴维斯（Michael Davis）在《像工程师那样思考》一书中指出"我们有理由认为，虽然工程师有技术、能力和权威，但他们可能不能成为'忠实的代理人或受托人'"④，他考察了工程师在设计过程中遇到的各种伦理难题，如与管理者之间的冲突，与客户之间的冲突，提出了如何"做正确的事"和"正确的做事"的区别。

巴特·坎普尔（Bart Kemper）⑤ 提出当前的设计规章和实践中并没有考虑到的这样一些情况：如有意地攻击，有意地误用设计，由攻击指定地点带来的连带伤害以及其他一些"邪恶企图"（evil

---

① Henry Petrosk, *Success through Failure*：*The Paradox of Design*，Princeton：Princeton University Press，2006，p. 3.

② Henry Petroski, *To Engineer Is Human*：*The Role of Failure in Successful Design*，New York：Vintage Books，1985，p. 3

③ 张常有、王锋君、孙林夫：《基于灰色系统理论的工程相似度分析》，《计算机应用》2000 年第 20 期。

④ ［美］迈克尔·戴维斯：《像工程师那样思考》，丛航青、沈琪等译校，浙江大学出版社 2012 年版。

⑤ Bart Kemper, "Evil Intent and Design Responsibility"，*Science and Engineering Ethics*，Vol. 2，No. 2，2004，p. 303.

intent）可能造成的结果，作为设计师，有必要评估"邪恶企图"可能造成的危害，并为了公众安全在设计中提出建议来避免这一潜在的伤害。

斯文·汉森（Sven Ove Hansson）则专注于对工程设计中一个最重要的伦理考虑——安全性（saftey）进行论证，他厘析并拓展了现有安全性的含义，提出"安全设计的概念必须拓宽，除了包括传统的结构可靠性问题外，还应该将与之有关的一切潜在负面事件都包括进来"①。例如，桥梁设计者通常只对结构可靠性负责，但其他的安全问题，如当人们在拱桥上爬出现意外，向过往船只抛东西这类行为也都会引起危害，这是否应该成为设计师的责任呢？他也提出了设计师有义务为自己设计的物体在未来可能的误用进行思考。

5. 小结

西方关于工程设计的议题相对来说已经多样化，从关注工程物与其社会语境之间的互动对设计带来的影响，到深入设计本身，透视设计的黑箱，再到对设计行为本身的思考以及对工程设计知识论、本体论的考量，的确为我们理解工程设计过程提供了很大的帮助。但是西方研究明显不足的一点在于，它始终将工程设计看作是仅仅与工程师相关的活动，无论是对工程知识的讨论还是对工程师职业设计伦理章程的重塑，这一切似乎都只是工程师的事情，与其他群体，如投资者、管理者、工人、公众都没有太大的关系。

（二）我国关于工程设计的已有研究

虽然"在工程活动中，设计的重要性是不言而喻的"②，但我国从哲学和伦理学视域对工程设计的研究还没有系统展开，只是散见于各种专著之中。

李伯聪在《选择与建构》一书中对工程设计的历史发展，基

---

① Sven Ove Hansson, "Safe Design", *Techne*, Vol. 10, No. 1, 2006, p. 64.
② 李伯聪：《选择与建构》，科学出版社 2008 年版，第 239 页。

本性质和特点，一般过程，类型、作用和意义进行了细致的探讨。他指出工程设计是"一种创造性的思维活动"①而且"工程设计中的问题求解具有非唯一性"，从而将工程设计与科学研究区分开来；与此同时，李伯聪也提出了设计非常重视工程师的意会知识（tacit knowledge）的观点，肯定了 know - how 对于工程设计工作的重要意义。此外，他将工程设计伦理的讨论也纳入进来，因为"设计思维是一种可错性的思维，设计思维的可错性是导致工程可能发生失败的重要原因之一"②，因而工程师应该全力保障安全，以"卓越的设计引导工程成功"。

学者朱箐在《工程哲学》一书中也贡献了对工程设计的探讨。她强调设计工作不可做狭义的理解，它是"一个影响到工程活动的'全过程'和'全局'的起始性、渗透性、贯穿性环节"③。她也将伦理学的探讨纳入对设计过程的思考中，在文中她首先提出了工程理念对于工程设计的重要作用，接着分析了设计中各个成员间以及设计人员与非设计人员间的关系，指出"专业设计人员和非专业设计人员的交流、互动、对话、协调已经成为搞好设计工作的新的关键"④。

陈凡和赵迎欢在《工程设计的伦理意蕴》⑤ 中将设计看作是一项富有文化意蕴的社会性的活动，从而设计就将伦理内在的包含在自身之内。他们指出生态保护应该成为工程设计伦理的基本原则，"以人为本"则是工程设计伦理的主要评价标准，工程设计伦理应该是科学精神与人文精神的有机结合，是价值理性挑战工具理性的集中体现，是环境伦理、技术伦理与社会伦理的融合统一。

---

① 李伯聪：《选择与建构》，科学出版社 2008 年版，第 242 页。

② 同上书，第 252 页。

③ 殷瑞钰、汪应洛、李伯聪等：《工程哲学》，高等教育出版社 2007 年版，第 135 页。

④ 同上书，第 146 页。

⑤ 陈凡、赵迎欢：《工程设计的伦理意蕴》，载陈凡、陈红兵、田鹏颖《技术与哲学研究》（第二卷），辽宁人民出版社 2006 年版。

二 关于工程共同体的已有研究

（一）我国关于工程共同体的已有研究

工程共同体的概念是由我国学者首先提出并加以深入研究的，在这方面我国走在了世界的前列。

工程造物不仅体现了人与自然之间的关系，也包含了人与人、人与社会之间的关系。在现代社会，工程项目尤其是大型工程项目显然并非只是工程师实现的，其中直接地、间接地与许多不同类型成员相关，因此我国工程哲学研究者提出，"工程活动是以集体活动或共同体活动的方式来从事和进行的社会活动"[1]，"工程活动的基本主体不是个人，而是一种特定形式或类型的共同体——工程共同体"[2]，而现阶段，我们认为"工程共同体是由工程师、工人、投资者、管理者和其他利益相关者组成的"。事实上，在笔者看来，随着工程物与社会的互动加深，工程与社会之间的边界会越来越弱化，会有更多的群体成为工程共同体的成员，从这一意义上说，这应该算是广义的工程共同体。

李伯聪从 2005 年开始相继发表多篇文章对工程共同体进行了深入研究，他对工程共同体的酝酿、诞生、解体、成员动态构成机制进行了详细的探讨。工程共同体是一个时间性概念，它的存在依赖于具体的工程项目的起始与实施完成，特征表现为——不同阶段成员结构有所不同：在酝酿和诞生阶段，共同体的成员主要是倡议者、委托者和领导者；发育生产阶段，"工程实施共同体不但增加了人数，而且成员结构也发生了重大变化"[3]，形成一个由不同职能和岗位人员组成的庞大网络；最后等到工程完成的时候，工程共

---

① 李伯聪等：《工程社会学导论：工程共同体研究》，浙江大学出版社 2010 年版，第 2 页。

② 同上。

③ 李伯聪：《工程活动共同体的形成、动态变化和解体——工程共同体研究之四》，《自然辩证法通讯》2010 年第 1 期。

同体也会随之解体。

为进一步加深对工程共同体的思考并为其内涵划界，李伯聪随后又提出"工程共同体有工程职业共同体和工程活动共同体"①，工程职业共同体主要指西方学者笔下的工会或者工程师协会，这种类型的共同体并不是具体从事工程活动的群体，也不是为了从事工程活动而形成的；我国学者提出的工程共同体侧重于工程项目具体实施过程中涉及的各种利益相关者（stakeholders），他们是"可以具体承担和完成具体的工程项目"、"由各种不同成员所组成的合作进行工程活动的共同体"②，这两种共同体组织形式显然在性质和功能上有截然的不同。

2010年他又出版专著《工程共同体研究：工程社会学导论》③，对共同体中各个成员，如工人、投资者、工程师、管理者、其他利益相关者的人员构成、在工程中的作用和社会角色进行了细致的分析。在此基础上，他还尝试一方面对共同体内部人与人之间的各种关系，如冲突、协调、分工、合作等进行概括，另一方面对共同体与外部社会和环境之间的关系进行分析，指出共同体承担的伦理道德责任。

殷瑞钰院士④和清华大学的鲍鸥教授⑤在李伯聪对工程共同体分析的基础上又提出了工程文化，工程共同体内部形成的共同的行为准则和工程理念就是工程文化，而共同体之间也是靠着工程文化维系的。

可以说我国在关于工程共同体的研究上已经形成了基本的框架和范式。

---

① 李伯聪：《工程共同体研究和工程社会学的开拓——工程共同体研究之三》，《自然辩证法通讯》2008年第1期。

② 同上。

③ 李伯聪等：《工程社会学导论：工程共同体研究》，浙江大学出版社2010年版。

④ 殷瑞钰、汪应洛、李伯聪等：《工程哲学》，高等教育出版社2007年版。

⑤ 同上。

（二）"工程共同体"概念在西方文献中的"缺席"与"在场"

客观地说，西方学者尚未明确提出工程共同体的概念，他们始终将工程简化为工程师的活动。然而当今社会，一个工程项目无论是在国内还是国外，都不可能仅靠工程师一个群体就可以完成，因此西方学者偶尔也会触及这个问题。

法国学者克里斯蒂·戴德（Christelle Didier）在讨论职业伦理时强调对职业（profession）应该有正确的理解，职业不仅仅指那些成员具有特定权力的活动，它也指"各种成员的组织"[①]，同时她还反驳"工程师伦理"的提法，认为应该改为"情境伦理"，因为"工程活动的情境不仅仅涉及一个职业群体，它是各种利益相关者对话的空间"[②]。可以说，她已经隐约意识到工程是由一个共同体来实现的，不过她的目的在于拓展伦理的范围来实现自己建立"情境伦理"的理想，并无意对这个她所谓的工程的"情境"（即共同体）进行深入的探讨。

第四节　研究的思路与方法

一　研究的思路

本书一共分六章。

第一章绪论部分，阐述了问题提出的背景、意义和研究现状，介绍了本书的研究思路与方法，以及可能的创新点和不足之处。

第二章首先进行了相关核心概念的厘定。本章无意对"什么是工程"这一哲学问题进行回答，而是通过对比中西方哲学家们对"工程"和"engineering"的使用，指出在纯粹的数理逻辑中，"工程"和"engineering"可以实现对等的互译，但在哲学

---

① Christelle Didier, "Professional Ethics Without a Profession: A French View on Engineering Ethics", *Philosophy and Engineering*, Manhattan: Springer, 2010, p. 162.

② Ibid. , p. 164.

视域中，由于二者始终与自身内生的文化语境相关联，因而并不是完全的对译词，只有一部分语义重合；"technological system"经过发展在今天的英语中已经是一个含义非常广泛的词，它的某些用法与汉语中的"工程"存在一定的重合。本章通过词源学上的考察指出"设计"行为虽然与人类诞生具有同时性，但"设计"意识和大规模设计活动的出现却是一件近代才有的事。笔者将设计出现以前手工艺人对物质特殊性的关注这种存在于世的方式称之为海德格尔笔下的"此在"（Dasein），而设计大规模出现后则标示了人类一种新的存在境遇，工程设计就是其中一个非常特殊的表现形式，它的特征是要实现多重约束下的优化，是工程本体论的直接体现和印证。

第三章则用历史与逻辑统一的方式考察了工程设计与工程共同体之间关系的演变。首先，工程设计并不是从一开始就与工程共同体息息相关的，在单个技术应用为主的时期，工程设计主要是由手工艺人独立完成的，手工艺人通常是在实现其他文化角色的同时扮演了工匠的角色，与今天单纯的角色定位有很大的不同。手工艺人当时靠着经验的世代相传获得设计技能，所使用的设计方法每一步改进都经历了漫长的时间，因此与文化和环境是契合的。其次，随着单个技术之间联系的增大以及生产的需要，技术本身变得越来越复杂、体系化，比如灵渠、都江堰的修建，都需要大量相关技术的配套运行来实现。这时候设计开始成为一个群体共同完成的，但由于此时高度专业化的科学知识和技术方法的缺乏，不仅工程共同体成员结构单一，而且通常各个成员间的联系是一种由高向低的单向度关系，底层的工人只是被动的操作实施者，共同体中的互动一般限于负责设计的人员与政府之间。但此时，工程设计已经出现了知识化倾向，开始使用数学逻辑来建立数量之间的关系，并使用标准的图纸，精确的数据测量，由相关人员记录成书，出现了一系列类似现代工程设计的书籍。最后，启蒙运动对数学和实验的推崇使得近现代造物尤其是工程设计过程中开始频繁而大量使用以数理逻辑、定量化为特征的工程知识、技术知识和科学知识，也就是说，此时的工程设计完全是在一套工程科学理论指导下进行的，知识的专业化使得工匠群体分化成了工人和工程师群体，而且工程师群体本身也由于专业的细化出现了不同的分工，现在一项工程设计是在由工程师为主导的、与工程共同体中其他成员密切配合下实现的。

第四章分别考察了投资者、管理者、工程师和工人这四个共同体中显性操作子对工程设计的影响。投资者主要负责目标的设定，其资金投入决定了设计可使用的技术资源；管理者则负责调解技术和非技术的问题，如设计的交界面阈值确定、误差范围的确定或者其他群体之间的矛盾争议，保证设计工作的顺利进行；工程师是设计工作的主力军，他们会使用各种理性设计方法、计算机辅助设计工具，同时还会发挥自身经验和借鉴过往案例来帮助现有工作的完成，预期可能出现的问题，将其在设计阶段回避掉。在对工程师经验的分析中，本书借用了英国学者彼得·李罗德（Peter Lloyd）和彼得·斯科特（Peter Scott）的话语分析模型，通过分析四个工程师在设计中使用的话语风格（生成型、演绎型和评估型）来判断其经验的多少及其对设计工作的贡献。本章还重点分析了工人对设计的贡献。一般而言工人只是负责按照图纸的要求执行设计工作，但由于工程师的工作是在高度理想化的环境中完成的，而实际操作环境不仅达不到理想化要求，而且充满了各种或然性，同时设计本身还包含了一定误差和不确定性，因此设计到了具体实施环节其产品就可能会出现各种小瑕疵，长期从事某一单一程序的工人由于其与技术的切身体悟久而久之会形成一种意会知识（know - how），这种知识有助于在第一时间帮助发现产品的问题并将信息反馈给工程师，使他们对设计进行进一步的修改完善。

第五章讨论了如何将诸如使用者、消费者之类的"其他利益相关者"的意见铭刻到工程设计中，以在设计阶段将一些争议回避掉或解决掉,从而保证产品在市场上的顺利应用。笔者提出普遍流行的"技术决定论"和"技术价值中立论"谜思(myth)是阻碍"其他利益相关者"进入到设计过程中的主要因素,因此要保证他们的参与,首先要打破这两个谜思带来的迷雾,笔者用"工程动量"和"价值敏感设计"的概念对上述谜思的不合理之处进行了反驳,并指出仿效欧洲国家展开"参与式设计"是推进当前工程设计民主化进程的一个重要而有意义的举措。

第六章为结论部分,笔者依据前文的分析指出,将工程设计置于工程共同体的语境下提出工程设计是一个工具理性为主导的、理性因素与非理性因素互动互蕴的过程,多种因子的协调互动驳斥了"技术专家治国论"和"技术决定论"两种论调。同时笔者提出,将工程共同体作为工程设计的语境一方面有助于为工程史研究开创一条新的编史学进路,另一方面凸显了工程设计的三个属性特征:设计的路径依赖,设计的风格依赖和设计的价值依赖。

二 研究的方法

(一) 概念分析方法

本书对工程、工程设计、engineering、technological system、工程共同体等概念进行了厘定,这是本书立论的基础。

(二) 比较分析方法

本书通过对中西方文献的考察,对各自工程设计的研究进路进行了详细比较,尝试找到一种能够适合两种语境下对工程设计的哲学思考。

(三) 历史与逻辑统一的方法

本书按照技术人工物的历史演化和生产力的发展对工程设计与工程共同体之间关系的演化进行了考察,并总结出三种不同的关系样态。

第五节　本书的创新点与不足之处

一　本书的创新点

首先，本研究从语义学角度比较了汉语语境中生成的"工程"与盎格鲁—撒克逊语系下的"engineering"的异同，指出"工程"与"engineering"并不是完全的对译词，反而"工程"在使用中与"technological system"有时会有含义上的重合。

其次，笔者将工程设计这一工程活动中最能体现技术理性且最重要的部分置于工程共同体的语境下进行分析思考，突出了工程设计在理性遮盖下的种种争议和问题，从而凸显了工程设计的"选择""集成"与"构建"本质，从一定程度上反驳了"工程设计是应用科学"的观点；与此同时，笔者还呼吁重视工程师的经验知识和技术工人的 know – how 知识，不仅丰富了关于设计的知识论研究，而且说明了设计是理性知识和非理性知识共同发挥作用的一项活动。

二　本书的不足之处

由于笔者自身知识水平的局限，本书只是对工程设计与其他共同体成员和活动之间的关系进行了粗浅的外围考察，对工程设计自身涉及的很多可以体现"选择性与建构性"的哲学话题并没有过多的研究，而事实上这部分才更能做到真正打开设计的黑箱，帮助工程师对自身的工作进行反思，促进哲学家更深入地思考设计的哲学问题，从而实现斯诺所说的两种文化群体的对话。

第二章　相关概念内涵厘析及理解

陈昌曙先生在谈到如何为"技术"下定义时曾开诚布公地指出，"给技术下定义，正像给科学、物理、文明、信息等'大概念'下定义那样，是相当困难的事情，至少是难于把它们包容到一个'更大的'概念中去，难以用通常的'种加属差'的方式表述"①，这一点对于本书中所提及的诸如"工程""设计"和"工程设计"的概念也是同样适用的。我们很难找到一种十分恰当、精确的定义来界定工程、设计或是工程设计，因为一方面它们本身就是多义的，另一方面随着语言的发展其含义一直在不断的拓展，这大概也就是为何尼采会发出"只有无历史的东西才是可定义的"叹息。鉴于此，目前大多数学者采取的策略要么是用这些概念中包含的一些突出特征作为该概念的定义表述，但这就相当于用某些子集或者子集的加和来代表整个集合一样，虽然可以说清一些问题，但却并不全面，如李伯聪教授提出的三元论区分——科学活动以发现为核心，技术活动以发明为核心，工程活动以建造为核心——很多时候这些特征是纠缠在一起的，比如工程中的突破式创新也可以视为是发明；要么是进行宏大叙事式的概括，而这又很容易倒向一种定义循环——内容和概念相互指涉，如"工程是工程师以工程师的能力所完成的事"②。因此笔者在本章中只是希望可以对"工

---

① 陈昌曙：《技术哲学引论》，科学出版社 1999 年版，第 92 页。

② Ibo van de Poel, "Philosophy and Engineering: Setting the Stage", *Philosophy and Engineering*, Manhattan: Springer, 2010, p. 3.

程""设计"以及"工程设计"的内涵和外延进行一下厘析和廓清，从而深化我们的理解。

第一节　"工程"含义的语境关联

今天用汉语中的"工程"来对应"engineering"似乎已经标准化了，不过笔者却认为这样的对译是需要推敲的。暂且不论"工程"这个概念本身就像是个多面镜（即便在汉语中想要为它找到共识性的清晰定义也是根本不可能的）；就算仅从翻译学角度看，"由于英语属于盎格鲁—撒克逊语系，而汉语属于汉藏语系，在这两个语言之间以及这两个语言所赖以存在和发展的文化之间的差异远远大于同一个语系中的两个语言或文化之间的差异"①，这样一来为保证交际的顺利进行，源出词和译入语之间的翻译等效充其量只能做到功能等效，"译文不可能也无法完全同原文一样，翻译过程中或多或少地总要有所损耗"②，因为"不同文化之间的差异是恒在的，文化因素本身是无法等效转换的"③。由此可见，即便我们放弃哲学上的拷问，工程和"engineering"的完全对译在翻译学上也是不成立的，因此有必要对二者之间的关系及各自的含义进行重新思考。

既然"对等从来就是一个相对概念"④，那么笔者也无意在本章对语言这一内在的客观模糊性进行挑战，只是希望通过对两种语言环境下对"工程""engineering"使用上表现出来的差异的考察，彰显"工程"一词的本土性特征，为汉语语境中的"工程"的内

① 冯亚利：《中英文化差异及其翻译策略》，硕士学位论文，武汉理工大学，2008年，第1页。

② 刘在良：《试论翻译的模糊性》，《山东师大外国语学院学报》1999年第1期。

③ 唐灵芝：《论等效翻译中文化信息的流失》，《黄冈师范学院学报》2007年第4期。

④ 金隄：《等效翻译探索》，中国对外翻译出版公司1998年版，第23页。

涵和外延厘定一个大致的界限，从而为下文行文设定一个统一的指涉框架。事实上，在笔者看来，我们很难找到一个统一的、毫无争议的定义来界定"工程"。李伯聪教授认为工程以建造为核心，"工程是实际的改造世界的物质实践活动"①，那么软件工程、计算机工程是否可以看作工程？如果不可以，那么它们是在何种意义上被称为"工程"的？如果可以，如何理解它们的建造行为，它们的产物是否是某个工程集成体？它们的活动是否改造了世界的物质活动？而肖峰教授提出，"技术……也是围绕人工制品而展开的造物活动"②，这样一来应该站在怎样的视角审视"技术"和"工程"的区别？不过，尽管给"工程"下一个简明的定义目前看是一件有难度的事，但某些活动既然可以被称之为"工程"而且并没有引起太多的争议，这说明这些活动依然是有共性的，因此笔者试着从"工程"的各种界定和使用中对这些共性展开一种粗略的描述，将其限定在一个大致的范围内，从而揭示工程的特征。即使是从翻译理论角度考察、厘析"工程"与"engineering"的差异，也无法找到"工程"的规范定义，对于"工程"的界定只能是描述式的。此外，目前中西方工程哲学之间在很多基本问题上之所以各执一词，一个很大的原因在于双方转译语使用的不准确和语言转译过程中部分含义的流失，也就是说，当双方在交流时，没能做到美国著名翻译理论家尤金·奈达提出的"译文接受者和译文信息之间的关系，应该是与原文接受者和原文信息之间的关系基本上相同"③。举一个简单的例子，SPT（哲学与技术协会）主席杜尔滨（P. T. Durbin）先生一直避免使用"工程哲学"一词，也拒绝承认有这样一门学科存在，他在一篇文章中这样写道，"当我第一次看建立工程哲学（philosophy of engineering）这个提议时，我脑海中

---

① 李伯聪：《工程哲学引论——我造物故我在》，大象出版社 2002 年版，第 5 页。

② 肖峰：《哲学视域中的技术》，人民出版社 2007 年版，第 145 页。

③ Nida Eugene, *Toward a Science of Translation*, Leiden：Leiden E. J. Brill, 1964, p. 159.

浮现的是一种非常狭隘的关注——即，所谓的 *R&D* 共同体"①，也就是说当杜尔滨提到"engineering"的时候，他认为该词的内涵与 R&D（即研发活动）的内涵几乎是一致的，此时如果我们按照约定俗成的译法将"engineering"直译为"工程"的话，想必在中国没有人会在汉语语境中把"工程"与 R & D 直接联系起来，这两者甚至可以说是大相径庭的两件事；然而需要注意的是，在英语语境里，像杜尔滨先生那样理解"engineering"并支持其看法的学者却不在少数。不难想象，如果此时有某位中国学者试图与杜尔滨先生探讨关于工程哲学的看法的时候，他们的讨论很可能并不是在同一个语义世界中进行的，因为在对貌似是同一个词（即"工程"与"engineering"）的使用上，双方对其含义的理解却是不同的。当然，既然"工程"能够与"engineering"对译，表明二者在存有差别的同时还是以具有更多的相似之处为主的，阐释"工程"的含义及其与"engineering"之间的关系，只是希望能够为中西方工程哲学之间的相互理解、交流进而开发共同的对话空间提供一些帮助。

事实上，两种语言在对译的过程中并不是时时都会因为信息流失而对交流产生影响的。在单纯的物—物对应和纯粹的数理逻辑氛围中，这一问题几乎是不存在的。例如，"book"对应"书"，"printer"对应"打印机"等等，这并不会引发什么信息失真从而使交流产生问题；1 + 1 = 2，无论你用何种语言表达，也不会产生歧义。

但当一个词与文化语境发生关联时，情况就不同了，比如关于"工程"与"engineering"的对译。当然，如果是两位分别来自中美的工程师在交流纯粹技术问题时，一方不停使用"engineering"，另一方则按照相应的"工程"来理解，交流过程也不会由于翻译

① Durbin Paul T, "Introduction", *Critical Perspective on Nonacademic Science and Engineering*, Bethlehem: Lehigh University Press, 1991, 11.

学上探讨的信息流失而影响意见交换。从这一角度说，对译似乎不是问题。但加拿大多伦多大学工程系兼社会学系教授 W. 凡登伯格曾提出，由于当代科学、技术的高度专业化，使得它们与文化发生了断裂，成了放之四海而皆准的东西，也就是说，工具理性的权柄使汉语中的"工程""engineering"及其他语言中对应的词语在某种程度上具有了齐一化的解释；不过值得注意的是，由于我们试图将它们置于人文视野审视，这也就意味着我们要将原本被技术理性剥离掉的文化因素重新拉回到"工程""engineering"的内涵中，这个时候转译就有问题了。"工程"也好，"engineering"也罢，首先都是在自身内生文化语境中生成的，在尚未对译之前各自本土性的含义是主要的。随着 19 世纪政治碰撞带来的文化冲突，两种文化下的语言开始尝试着找到一些意思大概相近的词来转译彼此的语言以便交流，可以说这个时候词语含义中原先本土性的含义逐渐开始减弱，时至今日科技带来的全球化让世界各国语言的含义都呈现了同一化趋势，尽管这样，"没有一种语言不是植根于某种具体文化之中的，也没有一种文化不是以某种自然语言的结构为其中心的"①，文化与语言始终互相交融，因此它们依然无法将自身含义中曾经包含的一些本土性特征全部克服掉，例如，在汉语语境中，很少有人会认为"工程"包含在"技术"之中，但英语语境中"'technology'比'engineering'更具全纳性，'engineering'只是'technology'中包含的一项活动而已"②。而笔者正是从"工程"与文化语境关联的角度上提出它与"engineering"的转译不对称的。

---

① Lotman Juri and Uspenskij B, "A Myth – Name – Culture", *Semiotics*, Vol. 22, No. 3, pp. 211 – 233.

② Thomas P. Hughes, *Human – Built World*: *How to Think about Technology and Culture*, Chicago: The University of Chicago Press, 2004, p. 3.

一 基于历史情境下生成的"工程"与"engineering"

（一）"工程"概念的历史演进与内涵厘定

先看一下"工程"在汉语中含义的历史演变。一般而言，古汉语中每一个实体字都表达一个独立的意思，所以有必要将"工程"首先拆成"工"和"程"来理解。《说文解字》中有"工者，巧饰也"，"凡善其事者曰工"；《考工记》中"审曲面势，以饬五材，以辨民器，谓之百工"，这里"工""可以当造物理解，也可以当工匠理解"[①]。再看"程"，《说文解字》中有"程者，品也，十发为程，十程为分，十分为寸"；《徐曰》中有"程者，权衡斗斛律历也"；《荀子·致士篇》中有"程者，物之准也"；《汉书·东方朔传》中有"程其器能用之如不及，又驿程道里也，又示也"。可见，"程"有距离、大小、进度等度量衡的含义。可以推知，"工"和"程"合体表示工匠所做活动进度的评判或者对人工物的一种度量。根据现有资料显示"工程"一词的合体最早出现在《新唐书》的《魏知古传》中"会造金仙、王真观，虽盛夏，工程严促"，此处"工程"具有了建造或建筑的含义。"中国传统工程的内容主要是土木构筑如宫室、庙宇、运河、城墙、桥梁、房屋的建造等，强调施工过程，后来也指其结果"[②]。洋务运动之后，西洋文化的侵入加快了语言之间的交流，久居中国精通汉语的英国传教士傅兰雅及其合作者用"工程"首次作为英文"engineering"的译入语使用，"工程"被赋予了新的含义。此后，在清朝官方文件中还出现了"工程师""工程科"，这表明"工程"与"engineering"的对译基本规范化了，之后"工程"逐渐成了常见的日常用语。

[①] 徐长山：《工程十论——关于工程的哲学讨论》，西南交通大学出版社2010年版，第2页。

[②] 杨盛标、许康：《工程范畴演变考略》，《自然辩证法研究》2002年第1期。

　　到了现代，工程造物活动不仅随处可见，其含义也变得非常广泛，不过通过目前一些对"工程"的主流定义还是可以大致捕捉到它的一些本质内涵的。《现代汉语词典》中对工程的解释是，"土木建筑或其他生产、制造部门用比较大而复杂的设备进行的工作，如土木工程、机械工程、化学工程、采矿工程、水利工程、航空工程"。显然，"工程"依然保留了其规模化的特征；李伯聪教授在《工程哲学引论》中将"工程"理解为广义的"生产"，提出"工程这个术语一般性地界定为对人类改造物质自然界的完整的、全部的实践活动和过程的总称"[①]，"是一个包括了计划、实施（即狭义的生产）和消费（用物和生活）这三个阶段的完整的过程"[②]，其特征是"建造"。殷瑞钰院士则在《认识工程，思考工程》一文中写道："工程是人类运用各种知识（包括科学知识、经验知识，特别是工程知识）和必要的资源、资金、装备等要素并将之有效地集成——构建起来，以达到一定的目的——通常是得到有使用价值的人工产品或技术服务——的有组织的社会实践活动"[③]，"工程往往表现为某种工艺流程、某种生产作业线，某种工程设施系统，乃至各种工业、农业、交通运输业、通讯业等方面的基础设施或设施网等等"[④]。此外，导师殷瑞钰院士在与笔者的一次交谈中曾经以钢笔为例，指出钢笔的整个制造过程就可以看作一项"工程"。从这些主流定义可以看出，"工程"在现代汉语中总是与生产相关的，而且指的是大型生产的全生命周期过程，"物质性"是其主要特征，最终表现形式则是一个个的"工程集成体"。也就是说，我国的"工程"含义内在指涉了生产的整个过程，那么工程活动显然就是一个"不但工程师是不可缺少的，而且投资

---

　　① 李伯聪：《工程哲学引论——我造物故我在》，大象出版社 2002 年版，第 8 页。

　　② 同上书，第 9 页。

　　③ 殷瑞钰、汪应洛、李伯聪等：《工程哲学》，高等教育出版社 2007 年版，第 5 页。

　　④ 同上书，第 6 页

者、管理者、工人和其他'利益相关者'也不可能'缺席'"①的集体性活动。正是基于这样的理解和思考，我国工程哲学界提出了"工程共同体"的概念，并进而挑战了西方以"个体伦理学"为主的研究范式，指出建立"团体伦理学"研究范式和研究进路的客观必然性。

在这里有一点需要指出的是，我们必须对工程哲学中强调的工程的"物质性"特征有一个正确的理解：随着当代造物活动的日趋复杂化，"物质性"的含义不仅包括了硬件，如各种技术、装备等，也包括了软件，如计算机的程序，这也就是为何东西方同时将计算机工程、生物工程等看似"非物质"的造物活动也看作是"工程"的一个分支。至于诸如"希望工程""社会工程"之类的活动，笔者以为，它们之所以冠以"工程"之名，只不过是在借用实体性工程所具有的复杂性和异质性特征，但其本质却始终是人文性、社会性的，而非"物质性"的，因此并不属于真正意义上的"工程"，因而也不在工程哲学的思考范围之内。

（二）"engineering"概念的历史缘起与内涵厘定

再来考察一下"engineering"在英文语境中含义的演变。"engineering"一词源于400年前的法国②，从词源学上看，它来自古拉丁语ingenero，意思是"产生""生产"。不过它的含义最初却是与军事联系在一起的。比如"engineer"最早指的就是军队中那些设计和建造战争工事的人。莎士比亚在戏剧中也将"engineer"作为"soldier"（士兵）的同义词来使用。《哈姆雷特》第三幕第四场中第206句台词便是：engineer/Hoist with his own petard，此处engineer指的是士兵，"士兵啊，你开炮却把自己给炸了"。这也解释了为何17世纪欧美有权授予工程学位的学校都与军事有关，如

①　李伯聪：《微观、中观和宏观工程伦理问题——五谈工程伦理学》，《伦理学研究》2010年第4期。
②　［美］迈克尔·戴维斯：《像工程师那样思考》，丛航青、沈琪等译，浙江大学出版社2012年版，第8—12页。

美国的西点军校，拿破仑创立的巴黎理工学校等。不过随后"engineering"的这一含义却逐渐弱化了。工业革命时上述军事院校培养出来的"工程师"（注意，此处笔者虽然使用"工程师"，但却跟当代我们对这一词的理解有很大不同）开始在军事领域之外的地方发挥作用，此时出现了一批"民用工程师"（Civil Engineer）。第一位这样称呼自己的人是约翰·斯米顿（John Smeaton, 1724 - 1792），他于1771年建立了民用工程师的非正式协会，这一协会在他去世后被称为"斯米顿主义者"，该协会影响了历史上第一个正式的职业工程协会——英国民用工程协会（即，Institution of Civil Engineering，简写为ICE）——的成立。笔者认为，大概正是由于西方工程师从一开始就倡导职业协会的这种传统使得关于"engineering"的讨论在英语世界中始终都囿于工程师群体，难以突破——"工程就是工程师以工程师的能力做的事"[1]——的刻板印象。今天持这种类似认为"工程就是工程师以工程师的能力做的事"说法的西方学者并不在少数，米切姆教授在《关于工程的哲学不充分性》一文中写道"工程就是那些称自己为工程师的人如何去想，如何去做，或者试图去想和去做的事"[2]，而SPT主席杜尔滨则直接说"在我看来，工程就是一个行会，有自己的规章制度，职业组织，教育体系，同时还在更大的社会背景中为自己赢得了一席之地"[3]。当"民用工程"出现的时候，它"开始专指那些设计、建筑、道路、桥梁、供水、维修、卫生系统、铁路等——也就是说那些公众集资和使用的、从效用和效率角度而不是审美角度

---

① Ibo van de Poel, "Philosophy and Engineering: Setting the Stage", *Philosophy and Engineering*, Manhattan: Springer, 2010, p. 3.

② Carl Mitcham, "A Philosophical Inadequacy of Engineering", *The Monist*, 2009, Vol. 92, No. 3, p. 342.

③ Paul. T. Durbin, "Multiple Facets of Philosophy and Engineering", *Philosoph and Engineering*, Manhattan: Springer, 2010, p. 41.

或象征意义角度评判的项目"①。18 世纪蒸汽机的发明和广泛应用使得那些能够操作以蒸汽为动力的各种工具的人也被冠以了"工程师"的称号；19 世纪启蒙运动倡导的在科学和实用技艺之间建立联盟的态度逐渐使工程师的工作开始包含了一些科学过程，比如利用科学方法来解决工程结构问题，将古典的"思"变成了硬性的计算。"从那以后，工程就拓宽了思路去思考一个广义范围内的物质、能量、产品，正如在化学工程、电机工程、无线电工程、电力工程、航天工程、原子工程及计算机工程的范围内所表现的那样"②。启蒙运动使"engineering"的含义逐渐与过去决裂，在赋予它以新的含义的同时，"使科学而非工匠传统成了当代工程的基础"③，从而将工程与科学的概念混淆在了一起。《麦克劳—希尔科学和技术术语词典》第三版（1984）中将"engineering"定义为"经由它可以将自然中的物质特性和能量、力量的来源变得在结构、机械和产品方面对人类有用的科学"，权威工程教育家拉夫·史密斯（Ralph J. Smith）对此的解释是"工程是一项应用科学的艺术，目的在于最大程度地转换自然资源，以满足人类的利益"④，可以说，直至今日工程与科学之间的关系仍然是学者们争论的焦点。例如，杜尔滨提出"工程不是、也没有必要非要以科学和数学为基础"⑤，罗根贝尔（Heinz C. Luegenbiehl）却说工程是"为了达到某个期望的实际目的，利用科学原则和数学来改造自然世界"⑥。需要注意的是，当"engineer"还只是与军事相关的时候，

①　［美］卡尔·米切姆：《通过技术的思考——工程与哲学之间的道路》，陈凡、朱春艳等译，辽宁人民出版社 2008 年版，第 191 页。

②　同上书，第 192 页。

③　同上书，第 153 页。

④　Ralph J. Smith, Blaine R. Butler, William K. LeBold, *Engineering as a Career*, New York：McGraw - Hill, 1983, p. 9.

⑤　Paul. T. Durbin, "Multiple Facets of Philosophy and Engineering", *Philosophy and Engineering*, Manhattan：Springer, 2010, p. 3.

⑥　Heinz C. Luegenbiehl, "Ethical Principles for Engineers in a Global Environment", *Philosophy and Engineering*, Manhattan：Springer, 2010, p. 3.

1828 年版的韦伯斯特《美式英语词典》将其定义为"精通数学和机械的人，他们为进攻或防御拟定工程计划，并且为防御划定地界"，也就是说，"engineer"是形成计划的人或设计出某件事的人，而不是真正制作的人，"engineer"的这一含义到今天依然被保留下来，这也就是为何设计在工程中具有如此重要地位的原因，甚至在很多学者看来"设计成了工程的同义词"①，例如布恰瑞利将书名定为《工程哲学》，但全篇说的却都是设计的事。然而在汉语中，"设计"却只是"工程"活动的基点，一个组成部分而已，"操作才是工程过程的最核心和最关键的环节"②。

必须说，今天英语世界中"engineering"的含义变得越来越狭隘。从时间顺序上说"engineering"一词的出现要远早于"technology"，但是 1958 年美国技术史协会（Society for the History of Technology，即 SHOT）成立的时候在讨论协会名称是使用"technology"好还是使用"engineering"好的时候，学者们一致倾向于使用前者，理由是"technology"比"engineering"的含义更广泛，"engineering"只是"technology"所属的研发（R&D）活动的一个构成部分而已。按照这样的理解，"engineering"的确只能由具有重要技术专长的工程师来完成，那么英文中的"engineering community"显然指的是工程师的职业协会，如果我们将我国工程哲学倡导的"工程共同体"也直译为"engineering community"的话，二者内涵显然是有所不同的。

从上文的分析似乎可以发现自 19 世纪以降，"engineering"越来越与曾经的工匠传统断裂，变得日趋科学化、理性化，"工程主

---

① Henry Petroski, *To Engineer Is Human: The Role of Failure in Successful Design*, New York: Vintage Books, 1992, p. vii.

② 李伯聪：《工程哲学引论——我造物故我在》，大象出版社 2002 年版，第 176 页。

要是一项技术活动"①，而且是一项主要集中在实验室里的活动，因此"工程是应用科学"的论调总是不绝于耳。而我国"工程"的含义却更多与生产有关，而且由于其对全生产过程的强调，非技术要素也自然便是"工程"中不可缺少的一环，这样一来不仅困扰西方的"工程是应用科学"的论调在汉语语境中失去了依据，而且还凸显了"工程的特征是集成与构建"②，"工程活动是一种既包括技术要素又包括非技术要素的系统集成为基础的物质实践活动"③。

（三）本体论上不对称引发的"工程"与"engineering"的转译不对称

通过上述对比分析可以发现，相对于工程师们交流所构建的纯粹技术性语境（从而"工程"与"engineering"的对译也便是恰当的）而言，哲学家们的话语氛围更多地恢复了"工程"与"engineering"的历史—文化场境，着眼于二者浓厚的本土性含义，凸显了工程与engineering在含义上的差异，从而使得两者在对译上表现出了转译不对称性。而恰是由于工程与engineering的这种转译不对称使得当代东西方工程哲学家们在许多议题上，甚至是在关于工程（engineering）的一些基本问题上总是难以达成共识。

然而有一点似乎被忽略了，尽管英文语境中关于"engineering"的讨论更多的囿于设计，尤其是发生在实验室中的设计、研发活动，但事实上如果我们仔细思考一下"engineering"所关注的对象却不难发现，西方在关于"engineering"的哲学讨论中所涉及的研究对象与汉语语境中"工程"所讨论的对象有着很大的相似之处，甚至可以说几乎是相同的，例如文森蒂以飞机发动机为研究

---

① Carl Mitcham and R. Shannon Duvall, *Engineers' Toolkit*：*A First Course in Engineering*, New Jersey：Prentice Hall Upper Saddle River, 2000, p. ix.

② 殷瑞钰、汪应洛、李伯聪等：《工程哲学》，高等教育出版社2007年版，第7页。

③ 同上书，第8页。

对象，亨利·佩绰斯基则从桥梁设计入手等等，而这些显然也是中国工程哲学分析的对象。事实上，在英文中，"当前关于该职业（engineering）的所有分支都是从早期土木工程这个主干上细分出去的"①，而"从传统上看，土木工程包括了建筑物、水坝、桥梁、铁路、运河、高速公路、隧道的设计和构建"②，也就是说其实早期"engineering"与"工程"处理的对象也是近乎一致的，或许这也就是为何傅兰雅会选择用"工程"来对译"engineering"的原因。这样看来，既然"工程"与"engineering"虽然在起源上各有不同，但至少二者在语义上应该是"同根"的，然而为何却在现代含义上出现分野从而造成转译上的偏差呢？

殷瑞钰院士指出关于造物活动本体论认识的不对称是导致"工程"与"engineering"发生转译不对称的根本原因。具有丰富实践经验的工程师在中国工程哲学的理论研究和发展中发挥着主导力量，这种强调唯物主义实践论的立场使中国工程学者们的研究始终坚持从造物活动本身来认识工程，提出了选择、集成和建构是所有工程最根本的特征，从而工程也就是一个与科学、技术存在本质区别的独立的对象，依靠自身"具有本体的位置而不是依附的位置"③。相比之下，西方的工程哲学研究更多的是哲学家们和久居实验室的设计工程师们在参与，这或许与自希腊以来的学者传统和工匠传统分裂给西方学术研究带来的后遗症不无关系，这种强理论导向下的关于造物的"坐而论道"的一个弊端是，由于涉及的造物主题过于单一（多围绕工程设计、工程教育和工程伦理问题），造物发生的更广阔场境和参与人员的异质性被割裂，过于形而上的理论无法与形而下的器物实践相匹配，遮蔽了 engineering 本应有的

①　Henry Petroski, *To Engineer Is Human: The Role of Failure in Successful Design*, New York: Vintage Books, 1992, p. 121.

②　Ibid.

③　殷瑞钰、李伯聪：《关于工程本体论的认识》，《自然辩证法研究》2013 年第 7 期。

本根地位，使其成了"科学或技术的衍生物、派生物或依存物"①。目前这一状况似乎有所改善，例如布恰瑞利的研究就凸显了工程设计中众多的选择、协商和建构过程，不过他的目的更多的是将作为一个理性过程的工程设计处理成一个充满非理性色彩的社会化过程，弱化了正是工程活动内在的逻辑要求才是促使工程师之间不断协商、选择的根本原因，使得西方学者又一次与——揭示工程是其所是的本根地位——擦肩而过。事实上，在英文语境下 engineering 不仅缺乏本根的地位，甚至缺乏作为一个独立研究实体的资格。杜尔滨先生在一篇名为《关于哲学与工程的多面性》的文章开篇"颇为不解"地提到了这样一个问题——"有人说是否存在一门 philosophy of engineering，这里居然使用了 engineering 的单数形式，那么我的回答是'不存在'"②。显然，按照杜氏的逻辑，就算"工程哲学"要建立，那么也应该是"philosophy of engineerings"，也就是说，在他看来，engineering 这个词在内涵上并不具备抽象的独立主格形式，它充其量只能指代一个又一个具体而细碎的研发活动，因此要建立"工程哲学"，那么就一定是对每一门工程活动进行哲学思考。

由于中国的工程哲学复归了工程的本体论地位，我们不仅承认工程是一个具有独立研究内容的实体，而且工程在人—自然—社会三元坐标中的特殊位置必然使其充满了各种值得研究的话语和议题。

二　"工程"与"Technology System"（技术系统）的语义交合

科学史写作从前萨顿时代起就充满了浓厚的辉格式色彩，为了

---

① 殷瑞钰、李伯聪：《关于工程本体论的认识》，《自然辩证法研究》2013 年第 7 期。

② Paul. T. Durbin, "Multiple Facets of Philosophy and Engineering", *Philosophy and Engineering*, Manhattan：Springer, 2010, p. 41.

改善这一境况，以巴特菲尔德为首的科学史学家们倡导了一种以史境为特征的编史原则，即"语境主义"（contextualism），力图"将追寻历史之底蕴的任务置于更重要的位置上"①，不过这一原则对科学史却没有产生什么太大的影响，反倒是为技术史开创了一条延续至今的编史纲领。于是在技术哲学家们忙于用从对部分技术情节（即，小写的 t）思考得出的结论论证技术是工具、意志、活动或是规训云云的时候，技术史学家们却选择站在更宏观的层面上俯视技术元素与其置身情境的其他所有元素之间的互动，提出了"系统是现代技术的本质"② 的"技术系统"（Technological System）进路。"技术系统"的概念与我国的"工程"概念在内涵和外延上有很多相似之处。

　　首先，从定义上看，为了回避技术哲学家们在界定技术时面临的困难，技术史学家们采取了白描的策略来说明什么构成了"技术系统"。著名的美国技术史学家托马斯·休斯（Thomas P. Hughes）在《大技术系统的演化》一文中这样写道，"技术系统的组分中含有技术人工物，如涡轮机、变压器以及电灯和电力系统的传输线，也包含了组织，如制造公司、公用事业公司、投资银行，以及通常被称为是科学的组分，如书籍、文章和大学教育以及研究计划，此外，立法人工物，如管理法规也是技术系统的一部分"③。这一描述的意义不仅在于对非技术元素的强调，而且通过其包含的各种非技术元素表明"技术系统"是一个长时段、全周期的框架，涉及技术发展的每一个阶段，"从发明、发展、创新、

　　① 袁江洋：《科学史编史思想的发展线索——兼论科学编史学学术结构》，《自然辩证法研究》1997 年第 12 期。

　　② Thomas P. Hughes, *American Genesis: A Century of Invention and Technological Enthusiasm* 1870 – 1970, New York: Viking Penguin, 1989: 184.

　　③ Bijker W, Hughes T and Pinch T, *The Social Construction of Technological System*, Cambridge: MIT Press, 1987, p. 51.

增长、竞争到最终的稳定化"①。这与"工程"的内涵有很多共同点。而且正是由于"技术系统"对技术发生全周期的考察使得它同时也思考了这些不同阶段中不同"系统建立者"的作用，如发明企业家、管理企业家、金融企业家、顾问工程师等；90 年代之后以休斯为首的这些系统论史学家们反思了早期对核心人物给予过多关注的做法，开始仿照人类学的深度描写将与技术事件相关的那些曾经被隐匿了的背景人物如工人、产品使用者、非西方人等也纳入到技术系统中"人"的角色中思考，尽管最终史学家们对这些"人"并没有形成一个统一的概念框架进行研究，但很显然这与我国强调的"工程共同体"还是有异曲同工之处的。

其次，从"技术系统"进路选取的分析案例来看，早期它一般将与生产有关的诸如电力网络、福特 T 型车制造流程、水利涡轮机的设计、波士顿大桥等大型复杂项目作为系统考察的对象，后期则开始考察如信息工程、军事—大学—工业复合体、城市体系等更为宏大、充满异质性的项目；而我国工程哲学界的研究也选取如铁路、钢铁冶金、飞船工程、水利水坝等之类的大型复杂工程作为案例，从某种程度上说，我国考察的这些案例本身也可以看作是由技术元素与非技术元素共同构成的系统。到 90 年代后期，随着技术史学家们视野的进一步开阔，他们又提出了大技术系统（Large Technological System）的概念，有时甚至会根据写作旨趣的需求将系统的边界权益扩大到整个人类社会，认为人类当下生活的境遇就是一个"巨大的人造复合体"，是一个由以技术元素为主导加上非技术元素共同编织成的技术—社会的"无缝之网"②，可以说这时候技术史学家笔下的"技术系统"已经是大写的 T 了。

如前文已论及的，"工程"在汉语中有时候指的是某个具体的

① Bijker W, Hughes T and Pinch T, *The Social Construction of Technological System*, Cambridge：MIT Press, 1987, p. 56.

② Ibid., p. 9.

工程项目，有时候又是一种极具概括式的思考框架；而从上面的分析可以发现，"技术系统"本身也扮演了这两个角色。当"技术系统"指的是一个个独立的技术事件如电力系统时，它的含义其实就是一个个独立的工程项目；当史学家们将"技术系统"作为一个抽象的概念框架来使用时，它此刻的含义又与"工程"在第二种意义上的含义十分接近。

不过需要注意的是，休斯笔下的技术系统或是大技术系统概念存在两个问题，而这两个问题也表征了"technological system"与"工程"的相异之处：第一，技术系统的概念虽然已经摆脱了纯技术、单元技术、单体技术概念的束缚，然而，由于休斯放弃了对技术系统做进一步概念上厘定的努力，而只是将其作为一种史学框架加以运用，使其在使用上显得飘忽不定，比如，时而技术系统隐喻单个技术（如，发电机），时而技术系统又隐喻相关异质、异构技术的集成系统（发电站），时而技术系统边界又扩大到整个社会（纽约电力系统）；第二，技术系统概念的提出虽然提供了一个很好的分析框架将与技术相关的各种要素（经济、法律、政治、文化等）随着思考的深入都以各种方式纳入进来，但却没有阐释清楚各要素之间究竟是怎样被整合到一个系统中的，休斯自己显然也意识到了这一点，因此在著作中他多次使用"互动"（interact）一词来试图为系统各个组分之间、系统与外部环境之间的关系做一个解释，但这样的解释显然过于抽象苍白——究竟是怎样的互动呢？对于这两个问题，中国工程哲学界在界定工程本质的时候作出了明确的回答：工程是技术系统与非技术系统（如基本经济要素系统）的集合，工程中的技术系统并不是技术之间简单的加和，而是相关的、异质的、异构的技术之间的集成，然后这些相关的技术集成系统之间相干、动态运行形成工程。对于一般的技术系统，出于工程目标指向的需要，也可以变成技术集成系统，二者之间是互相支撑的关系；第二，无论是技术组分之间、技术与非技术组分之间、甚或是工程与更广阔的社会与环境之间都是选择、集成与构建关系，在这一点上中国工程哲学研究似乎是休斯笔下的"互动"关系的清晰注脚。如果用一幅图来表示技术系统与工程之间的关系，则如图 2.1 所示。

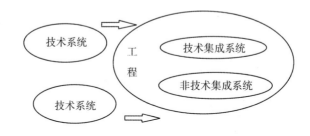

图 2.1　技术系统与工程之间的关系图

资料来源：作者整理所得

第二节　关于"设计"概念的厘定

厘定了"工程"的内涵和外延，再来看一下什么是"设计"（design）。

无论是在现代汉语中还是英语中，"设计"都兼具名词和动词的功能，包含着"人类对事物的构想、规划、起草和研究"之意①。也就是说"设计"本质上是一种思维活动，这样一来为"设计"下定义会比为"工程"下定义更加困难。然而我们可以换一个角度来理解"设计"。

今天"设计已经成为日常生活中使用频率很高的词汇"②；在工程实践中，设计也不仅被视为元工程，而且成为市场竞争的起点③，因为如果几种产品和服务在功能上相似，那么"设计"就成

---

① 参见卡尔·米切姆与布瑞特·霍尔布鲁克合写的《理解技术设计》［中译文刊登于《东北大学学报（社会科学版）》2013 年第 1 期］一文以及李伯聪的《选择与建构》（科学出版社 2008 年版）一书第 241 页相关内容。

② 李伯聪：《选择与建构》，科学出版社 2008 年版，第 242 页。

③ 感谢殷瑞钰院士馈赠的《冶金流程的集成理论与方法》书稿。

了消费者选择的标准，于是"管理者们迫于残酷的全球竞争，依赖设计来创新，从而实现企业的有机增长，同时开辟出新的渠道和更大的利益空间"①。

虽然设计行为和设计意识已经弥漫在当下人类生活的每一个角落，但词源学上考证的事实却显示，影响西方文明的两种最古老、伟大的语言——古希伯来文和古希腊文——中并没有一个词的含义与今天我们理解的"设计"相对应，这就表明"设计"一词（而不是设计行为）的出现应该是在近代。米切姆先生认为我们今天理解的"设计"的"这些含义首次出现在 16 世纪中晚期或 17 世纪早期"②。一般而言，一个新词的出现并不是随意的，而是试图对一种与过去不同的、新的生活取向进行概括和解释。"设计"一词及其含义自 16 世纪以降的出现昭示着它引领了一种有别于传统的新的工程——生存态度。

一 物质本体论下人类存在于世的方式——对特殊性的关注

我们先来思考一下如何从哲学上看待"设计"出现以前工匠们存在于世（being – in – the – world）的方式。

"在历史上很长一段时间里，人作为人最基本的抗争是如何学着逐渐进入到一种早已存在着的生活方式中去"③，这种"抗争"（struggle）表现在工程造物上则是工匠们总是花费一生的时间去领悟和实践前人留下的造物技能并切身体验所用物质的特殊性，然后再将这种技能以师徒方式传授给后代人，一种技能通常可以稳定地延续给后世许多代人。那个时候工匠们总是将每一种物质都看作是

---

① Nussbaum B, "Annual Design Awards", *Business Week*, Vol. 27, No. 7, 2005, pp. 62 – 63.

② ［美］卡尔·米切姆、布瑞特·霍尔布鲁克：《理解技术设计》，尹文娟译，《东北大学学报（社会科学版）》2013 年第 1 期。

③ Carl Mitcham, "Dasein Versus Design: The Problematic of Turning Making into Thinking", *International Journal of Technology and Design Education*, Vol. 11, No. 1, 2001, p. 27.

具有内在的特殊性（particularity），"根本不存在一般化的事物"①，造物的过程只是一个中介，是在帮助物质"按照其恰当的本性去寻求形式或进一步的形式"（引自托马斯·阿奎那），这种观念体系来源于对万物有"神"的信仰（我国古代道家的"道法自然"其实也是这种信仰体系的一种体现），而这样的信仰直接产生了以下两个事实：第一，制作者对自然始终持有一种尊崇、关怀的情感，不仅制作活动顺应自然展开，造物结果还是与自然高度契合的；第二，制作者的制作活动本质上是彰显物质存在方式的一种手段，是对"存在意义的拷问"，物质被看作是一个终极存在者，对它的领悟"总已经是在存在已先被领会的基础上才得到领会的"②，而制作活动就扮演了"通达这种存在者的天然方式"③，但是作为理念的那个终极物质可以说是无形式的④，所有制作活动的领会都只不过是对这一物质理念的近似而已，例如同样是面对"岩石"这一终极物质概念，不同地区、不同领域的工匠却思考、选择了"岩石"不同的性质加以利用，从而形成了不同的造物结果，有些工匠用岩石来盖房子，有些则冶炼提取了其中的矿物质，不同地区甚至在提取方式上也有很大不同，但无论怎样，各种关于"岩石"造物活动的结果都从属于"岩石"这一终极物质的存在样式，即"特定物质的存在样式"⑤，那么纷繁多样的存在样式意味着普遍化的物质是靠着众多"特殊性"存在于世的，而世人也正是靠着对这些不同特殊性的理解来接近终极物质的，这大概也就部分地解释

---

① Carl Mitcham, "Dasein Versus Design: The Problematic of Turning Making into Thinking", *International Journal of Technology and Design Education*, Vol. 11, No. 1, 2001, p. 30.

② ［德］海德格尔：《存在与时间》，陈嘉映、王庆节译，生活·读书·新知三联书店 2006 年版，第 8 页。

③ 同上书，第 9 页。

④ ［美］卡尔·米切姆：《通过技术的思考——工程与哲学之间的道路》，陈凡、朱春艳等译，辽宁人民出版社 2008 年版，第 155 页。

⑤ ［德］海德格尔：《存在与时间》，陈嘉映、王庆节译，生活·读书·新知三联书店 2006 年版，第 9 页。

了为何近代以前工匠们会花费一生的时间来经验一个特定的技能活动，从某种意义上说这种对有限世界的深度经验也是当时一种普遍的人类生存状态，比如当 19 世纪美国伟大的哲学家亨利·戴维·梭罗被问到为何不曾旅行时的回答——"我已经在马萨诸塞州的康科德——我的家乡——旅行的够远了"隐喻的就是这样的生存状态。

显然这时的人工物包含有巨大的特殊性，"时至今日这些特殊性被赋予了很高的价值，而后人也很难参透其中的含义"[①]，从表面上看，此时的制作活动表现为工匠们对前人经验的模仿和重复，不过这种模仿和重复相比今日大规模的流水线生产，其机理却是异常复杂的，因为那个时候是没有普遍知识的，"人们不可能通过逻辑上的普遍性来洞悉个体本身的特殊性，logos 在特殊事物面前失灵了"[②]，一项制作活动的完成靠的是工匠与所用物质长期切身接触所领悟的意会知识，而这就更使得造物蕴含了大量的特殊性。米切姆先生借用存在主义大师海德格尔的"此在"（Dasein）来指代这一时期工匠们的这种存在于世的方式，即用此岸各种特殊的存在来尝试认识彼岸普遍的"此在"。

二 设计——一种新的人类情境

科学革命和工业革命的相继发生催生了机械化的诞生和普及，随之而来的是"设计"意识和设计行为的大量涌现，从而将工匠们甚至整个人类世界从上述情境引向了另一种延续至今的工程——生存境况。

"设计"从诞生伊始就与工程和技术相关。《麦克劳—希尔科学、技术术语词典》中认为"设计"指的是"对某个系统、设备、过程或是艺术品的构思和规划的行为"，也就是说"设计"其实是

---

① ［美］卡尔·米切姆、布瑞特·霍尔布鲁克：《理解技术设计》，尹文娟译，《东北大学学报（社会科学版）》2013 年第 1 期。

② ［美］卡尔·米切姆：《通过技术的思考——工程与哲学之间的道路》，陈凡、朱春艳等译，辽宁人民出版社 2008 年版，第 157 页。

将传统的"制作"（making）变成了"思考"（thinking），"而且还是一种在如何制作之前就进行的思考"①，这意味着人不再仅仅是被动地顺从自然或是被动地接受、内化前人的经验，而是开始发挥自身的主观能动性，甚至开始扮演上帝的角色。

与传统的制作相比，"设计"表现出了这样一些特征：首先，"设计"的目的不仅限于满足人类基本生存需求，而且更多的是在创造和引领一些新的需求，"欲望，而不是需求，才是发明之母"②。笔者以为，由于"设计"的出现与资本主义几乎是同时的，那么从一定意义上说，是资本主义催生了"设计"意识，商品的流通需要"设计"为其提供源源不断的动力，因此资本的利益从一开始就与设计捆绑在一起，用设计帮助人挖掘、创造人自己都尚不知晓的需求，比如今天的电脑、网络等都是先有了这样的人工物，人类才逐渐意识到自己对这类人工物原来有着如此"深厚的"情感。鲍德里亚抱怨西方现在已经是一个"物的世界淫秽地大量繁殖、彻底失控"的"消费社会"③，而"设计"对于这一趋势的构建有着不可推卸的责任；其次，"设计"的本质在于"限定""强迫"和"谋算"自然，让自然按照工程师的需要交付出自身所拥有的物质、能量和信息，然后按照"设计"的要求进行重新组装、运行。与传统制作顺应自然的造物活动相比，现代"设计"将自然看作是一个功能体，"万物存在的意义和价值都被从特定的需求，特定的功能上去衡量"④，没有什么关于终极物质的概念了，学科的分化使得物质都被从自身功能角度认识，现在地质学家脑海中的"岩石"概念和建筑学家们讨论的"岩石"是完全不同的两

① 卡尔·米切姆、布瑞特·霍尔布鲁克：《理解技术设计》，尹文娟译，《东北大学学报》2013年第1期。

② Henry Petroski, *Success Through Failure：The Paradox of Design*, Princeton：Princeton University Press, 2006, p.1.

③ 孔明安、陆杰荣：《鲍德里亚与消费社会》，辽宁大学出版社2008年版，第5页。

④ 许良：《技术哲学》，复旦大学出版社2005年版，第67页。

回事，它们在"设计"中发挥的作用自然也就不一样。一项制作活动不再是一个整体，由某个或某几个拥有相似技能的工匠完成，而是分为不同的步骤，由掌握不同专业技术知识的不同人共同完成，而且在制作之前必须要分出一个独立的步骤，称为"设计"，这个步骤将统领之后的操作、使用、回收等全生命过程。传统的造物是在制作活动完成之后才被认知的，"设计"却是在操作进行之前就对最终的结果有了预期，它是什么样子的，由怎样的材料构成，甚至有可能带来怎样的风险都被提前预知了，为了抵御可能发生的不确定因素，"设计"将各种偶然性简化为数量关系表达的因果联系，从而将可能用到的解决措施也提前纳入造物过程中。如果说诸如柏拉图之类的智者们还天真地坚称木匠"不是按照他自己的意愿，而是按照事物的本性"[①] 来制作，现在"设计"早已实现了按照人的意愿设定事物的本性，也就是说"设计"将曾经人们笃信的那种虚无缥缈的自然"此在"祛魅成人，人才是"超拔于其他存在者之上的独特的存在者（此在）"[②]。不难推知，这样的信仰体系也带来了自己的后果——造物结果与自然不再是相容的，生态平衡被打破了。这也就是为何近年来我国会提倡科学发展观，倡导生态文明，鼓励企业使用绿色技术，低碳节能，走可持续发展道路，从而努力使工程造物与自然和谐共处。然而是否真的存在"绿色技术""绿色工程"呢？笔者认为，技术也好，工程也罢，它们对于自然来说本就是个异体，既然这样，是否可以认为并不存在完全意义上的"绿色技术""绿色工程"呢？只是人工物给自然带来的负荷相对于自然的消化吸收能力变小了，"绿色"就是将前者变得越来越小，这样看来，"绿色"之路应该是一条非常漫长艰辛的道路。最后，"设计"应用了大量工程、科学知识，即此时的

---

① 参见柏拉图的《克拉底鲁篇》（Cratylus）中关于木匠修理破损的梭子的例子。
② ［德］海德格尔：《存在与时间》，陈嘉映、王庆节译，生活·读书·新知三联书店 2006 年版，第 67 页。

造物活动包含了 logos（理性知识），工具理性建造的世界一个本质特点是齐一化，也就是说没有质上的不同，从而也就是可传授的。古埃及金字塔的建造直至今日仍是一个谜，其中一个原因是那时候建造过程仰仗太多的经验知识和意会知识，而这些都是无法复制和言传的；但今天，只要将设计图纸拿来并掌握了其中的工程原理，工程师们在世界上任何一个类似地方都可以复制出同类的工程。

"设计"意识的弥漫帮助人类建造了一个新的世界，从某种意义上说应该是搭建了一个迷宫：一种设计诞生后出于对自身完善的需要，总是不停地呼唤更多的设计出现，"设计永远也不会终结"，设计者原本的初衷是用设计来实现人类的自由和解放，但有时候设计的产物并不总是按照设计师的意图运行，总是会带来一些"意想不到的结果"（unintended consequences），因此笔者认为我们是时候应该扩大对"设计"的思考范围，既然"设计"将全体人类而不仅仅是工程师群体引入一种新的存在于世的方式，那么是否应该将与"设计"有关的所有相关者都纳入到讨论话语中，从而尽可能找到一种在"设计"迷宫中的出路呢？这正是本书希望通过对工程设计这一设计中一个非常重要组成部分的探讨而实现的目的之一。

第三节　关于"工程设计"概念的厘定

通过上面对"工程"和"设计"含义的梳理与理解，大致可以对本书即将探讨的"工程设计"的内涵和外延有一个直观的认识。

从概念逻辑上的"种加属差"来看，显然"工程设计"应该是"工程"概念和"设计"概念构成的集合中的一个子集，因此"工程设计"的属性应该同时包含了"工程"的部分属性和"设计"的部分属性，如图 2.2 所示。

"工程"的大规模生产性特征必然使得"工程设计"的适用范

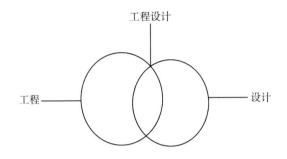

图 2.2　工程设计的范畴

资料来源：作者整理所得

围是物质性的工程，如机械制造工程、土木建筑工程等，而"设计"的事先规划性特征又使得"工程设计"成为一个工程项目的基点，"一切工程都由理念、设想、规划及设计开始，设计在工程的构建和运行过程中都有着举足轻重的影响"①。

殷瑞钰院士根据设计工作所针对的对象不同，大致区分出工程设计、产品设计和艺术设计三种主要类别，"流程制造业所讨论的设计主要是工程设计，装备制造业以产品设计为主"②。这里需要注意两点：第一，如前文所说，engineering 和"工程"在含义上是有区别的，英文文献中的 engineering design 大部分指产品设计；本书虽然主要探讨工程设计，但偶尔也会涉及产品设计，毕竟产品设计和工程设计之间的区分并不像它们二者与艺术设计之间的区分那样明显，而且某一工程项目如核反应堆的设计既可以看作是工程设计也可以看作是产品设计。第二，现代每一个物质性工程中都包含了设计环节，比如流程制造业、土木建筑业等，但其中最为典型的是流程制造业中的工程设计，因此本书多以此作为理论阐述的始点，期望同时能找到众多行业工程设计中一些相通之处。

---

① 感谢殷瑞钰院士馈赠的《冶金流程的集成理论与方法》的部分手稿。

② 同上。

一　工程设计的特征是实现约束下的多目标、多因素的最优化

冯·卡曼（Von Karman）的一句名言是，科学家发现已经存在的世界，工程师创造过去没有过的世界。工程师为人类创造更好的物质世界的理想正是通过工程设计阶段才具有了转变为现实的可能性。

"一种思想，如果不用来为人类和社会服务，那就一文不值"①，因此工程设计过程一般是先对某种设想的可行性给出合理而严格的证明，然后再将其发展转化为可实现的物质形式。

与其他几种形式的设计相比，工程设计并不仅仅是对具体工程提供建造方案或工程图纸，而是要将未来工程系统建造、运行、废弃以及回收的全生命周期过程都进行"预演"，因此工程设计一个重要特征是要实现多层次、多因素、多目标的最优。相对于科学追求真理、专注于纯粹知识生产的"形而上"气质而言，工程可以说表现出极大的"形而下"特质：一方面工程实际的造物活动是在真实的自然—人—社会三元情境中展开的，另一方面工程最终的人工存在物又直接应用于该情境。工程的这种情境性体现在工程设计上则表现为诸多约束条件的制约，如设计团队可支配的各种技术资源（如工具、设备）、信息资源（尤其是关于设计流程、方法等的知识）、资金厚度、设计环境（如物理空间环境和时间限制）、当前技术可达到的条件、政策法规规定、客户和市场的要求等。这样一来，工程师所追求的目标就无法是某种理想设计，只能是在既定的约束条件下达致一种最优或最佳设计方案。"从来就不可能有什么理想的产品，只要有了更多的时间、更多的资金，如果有可能的话，再加上采用比现在更好的工艺技术，人们总可以对它进行改

---

① ［印］维杰伊·格普泰、P. N. 默赛：《工程设计方法引论》，魏发辰译，国防工业出版社 1987 年版，第 2 页。

进"①。面对各约束条件之间的张力和约束条件与最终设计目标之间的张力，一般而言，工程师会按照投资者或管理者的要求确立各约束条件的优先程度，并不是所有的约束条件都给予同等的重视，"不同时期，不同约束会处于优先考虑的地位"②，例如产品、流程的节能减排、环境友好程度便是今天工程师们在设计中优先考虑的约束条件；然而无论怎样，"用户购买产品，是购买产品的性能"③，因此"约束条件的考虑都不应当取代对产品性能竞争力的考虑"④，工程师们会试图在保证产品性能实现的基础上找到一种各种约束条件与设计目标之间的折中，即最优的设计参数。

以流程设计为例，一般情况下，流程设计涉及的环节和层次是非常复杂的，这个时候所谓的"最优"就不仅仅是个体单元技术的最优，或单一价值目标的最优如极大地保证了产品的环境融合度，而是要着眼于整个系统，注意整个流程结构—功能—效率配合上的优化配置，要实现工序—工序之间、装置—装置之间、设计运行与更广阔的人—自然—社会之间有序、协调、集成和动态运行。可以说，相比于其他的设计活动，工程设计的主要特征是实现约束下的多目标、多因素的最优化。

马里兰大学的机械工程教授乔治·蒂尔特（George E. Dieter）也得出了相同的结论，他用四个 C 来概括工程设计的基本特点："1，创造性（creativity）：工程设计需要创造出那些先前不存在的、甚至不存在于人们观念中的新东西，2，复杂性（complexity）：工程设计总是涉及具有多变量、多参数、多目标和多重约束条件的复杂问题，3，选择性（choice）：在各个层次上，工程设计者都必须

---

① ［印］维杰伊·格普泰、P. N. 默赛：《工程设计方法引论》，魏发辰译，国防工业出版社 1987 年版，第 2 页。

② 张彦仲、殷瑞钰、柳百成：《节约型制造科技前沿·工程前沿》第 6 卷，高等教育出版社 2007 年版，第 70 页。

③ 同上。

④ 同上。

在许多不同的解决方案中作出选择，4，妥协性（compromise）：工程设计者常常需要在多个相互冲突的目标及约束条件之间进行权衡和折中"①。

从上述阐述也可以发现工程设计与产品设计间的细微差异：工程设计是一种工作流程的设计，它更多关注操作间的优化配合，从而达到一种功能的实现，使用者并不是其首要关注对象；产品设计则直接对使用者负责，要么以使用者的兴趣、需求和爱好为研究导向，要么致力于引导消费者的需求和爱好。

二　工程设计是工程本体论的直接体现和印证

自二战之后，"工程是应用科学"的论调就不绝于耳，这一观点最大的危害在于将工程置于附属的地位，成了科学的衍生物。必须承认，工程与科学有一定的关系，例如"工程利用了科学关于自然的知识并借鉴了科学的分析程序"②，但工程中使用的知识却不仅仅限于科学知识，还包含了大量的默会知识（笔者在后文会专门介绍这一点）。中国工程哲学学者们从实践出发否定了上述观点，提出工程依靠其自身具有本体的地位，"工程有自身存在的根据，有自身的结构、运行和发展规律，有自身的目标指向和价值追求"③，工程设计就直接体现并印证了工程的这一本体地位。

首先，工程是通过设计这一阶段完成从抽象的功能需求到具体的现实实现可能性的（然后再通过建设、生产运行和管理转变为现实人工存在物），这就意味着工程从一开始就是依靠自身实现从无到有的；其次，如前文所叙，工程设计的特征是要实现复杂的时—空尺度下的综合最优，为实现这一目标，一方面工程师会按照需

① 李伯聪：《选择与建构》，科学出版社 2008 年版，第 242—243 页。

② Erik W. Aslaksen, "An Engineer's Approach to the Philosophy of Engneering", *Philosophy of Engineering：West and East*, Manhatton：Springer, 2017.

③ 殷瑞钰、李伯聪：《关于工程本体论的认识》，《自然辩证法研究》2013 年第 7 期。

要调度、选择并使用如科学知识、技术装备、结构材料等多方面的资源，这证明工程不单单应用了科学，从而驳斥了"工程是科学婢女"的论调；另一方面工程师还需要将各个技术装备按照动态、有序、协调的方式集成起来，这种集成的目的是要实现运行中各工序能力上的配合、优化，确保物质流和能量流的连贯，从而达到多目标群的优化，这表明工程设计中充满着选择、集成和构建活动，从而证明工程是遵循自身发展演化的动力机制和模式的。

　　需要注意的一点是，相对于英语国家将 engineering 局限为实验室的研发活动而言，汉语语境下的"工程"是一个宏大的概念，如殷瑞钰院士指出的那样："现代工程一般是经过对相关技术进行选择、整合、协同而集成为相关技术模块群，并通过与相关基本经济要素（例如资源、资本、土地、劳动力、市场、环境等）的优化配置而构建起来的有结构、有功能、有效率、持续地体现价值取向的工程系统、工程集成体"[①]，"工程"的这一含义已经内在地确立了工程的本体地位；然而即使是囿于研发领域的 engineering，西方学者布恰瑞利也通过研究指出它是一项社会过程，其中充满了不同领域工程师之间的协商、对话，如关于交界面值域的设置问题，这也说明 engineering 在英语世界中也不是科学的附庸，而是有着自己的需求和发展动力的。

---

① 感谢殷瑞钰院士馈赠的《冶金流程的集成理论与方法》的部分手稿。

第三章　工程设计与工程共同体
关系样态的时序演化

肖峰教授曾说"技术是一种社会现象，同时也就意味着技术是一种历史现象"①，这对于工程来说也是如此。工程是在人—社会—自然三元情境下诞生的，而且还充当着社会直接的生产力，那么它必然也同时是历史的，是朝向历史分析的。

笔者已于绪论和第二章中分别对工程共同体的组成、特征以及工程设计的概念内涵进行了阐述，现在来尝试对二者之间的关系做一历史—哲学分析，从而为本书立论提供理论上的依据。

在阐述之前必须先做两点说明。首先，"由于工程活动可以被理解为使用工具和制造工具、制造器物的活动"②，因此"最初的工程和最初的技术是合一的"③，"技术的起源就是工程的起源"④，同时近现代以前大型工程造物活动又并不是时常发生的，因此笔者将个体技术（individual technology）⑤ 制造中涉及的设计行为也纳

---

① 肖峰：《哲学视域中的技术》，人民出版社 2007 年版，第 201 页。
② 殷瑞钰、汪应洛、李伯聪等：《工程哲学》，高等教育出版社 2013 年版，第 53 页。
③ 同上书，第 54 页。
④ 同上书，第 57 页。
⑤ 加拿大前 STS 主席 W. 凡登伯格教授在《生活在技术迷宫中》一书用 individual technology 来指代早期简单的工具，以与工业化之后出现的系统化的技术体系，如福特的汽车装配线等相区别，而我国工程哲学也恰好用"单体技术""单元技术"与"工程"（集成了异质、异构技术元素和非技术元素）概念相区分，因此笔者在这里也沿用"个体技术"的用法来指代早期简单的生产、生活工具。

入研究范围之内，有理由相信其中的设计意识和态度对当代工程设计产生着一定的影响。这样，本书主要将"设计"在历史上存在的可能形态限定为个体技术、早期工程和近现代复杂工程。"个体技术"一般对应的是手工工具或器具，其特征是由一个或几个简单物件组成并可以执行简单的任务，如斧头、弓箭、织布机等；早期工程对应的是古代农业、手工业、冶金、建筑、水利等方面的工程活动，其特征是由众多工具按照次序相互组合以完成大型的工程活动，如都江堰、长城的建造以及埃及方尖碑的制作等；近现代复杂工程则是典型的近代工业革命以后出现、发展并延续至今的一种现代意义上的工程形态，其突出特征是通过大量应用工程、技术、科学等客观知识实现功能配合上的最优化和生产上的效率化，如现代的钢铁制造系统等。需要注意的是，本研究只是以这三种主要形态为背景对历史演进中工程设计可能的存在形式进行梳理，而并不是说这是一场严格的历时态考察，因为这三种形态本身的出现并不是遵循前后相依的次序，当然，客观知识态工程的出现显然在时间上要晚于个体技术和早期工程，但我们却很难认为早期工程一定要晚于个体技术的出现，可以想象在有巢氏带领原始人由穴居进入巢居从而宣告了工程的正式诞生的时候，那些如织布机之类的个体技术应该还没有诞生吧；不仅如此，时至今日世界上很多地方还存在着以个体技术、早期简单工程为主要的生产、生活方式的人群，这意味着这三种形态不仅不是历时态的前后相继，反而还是共时态的存在。其次，历史考察总是不免涉及有效的时间分期问题，笔者在这里意欲提出两个分界点：第一，笔者将探讨的历史起点定于新石器时代，这是因为一般而言，我们总是笃信"惟一与生命有关不可辩驳的人类标准是工具的出现"①，于是将富兰克林那句——制造和使用工具是人猿揖别的标志——奉为真理，这样一来许多学者

① ［法］布鲁诺·雅科米：《技术史》，蔓菁译，北京大学出版社 2000 年版，第12 页。

就习惯于从旧石器时代开始考察技术的产生和诸种形态，因为按照上面的逻辑——最早的人类诞生于旧石器时代，那么技术也便应该是从那个时候开始的。可是这样的判断却不可避免地会遭遇两个困扰：（A）"生成悖论"的困扰，这是因为"在起源阶段，事物一般具有界限模糊的性质，它既属于起源之前的存在类别，又属于起源之后的存在种类"①，比如动物也会经常用一块石头触碰另一块石头，那么类人猿将一块石头打磨到第几下就说它制造了工具从而拉开了人类诞生的序幕？从某种意义上说，"判定事物有一个起源，但是起源却是不可观察的，所谓的'起源事实'是推断和重构的，这必定是在某种理论指导下做出的"②；（B）"工具悖论"的困扰，即，我们是否可以将石器工具的出现作为技术、工程诞生的绝对标志呢？美国著名技术史学家查尔斯·辛格对此的回答很有启发性，"我们不能够从几乎是当时文化唯一证据的粗糙的石器工具，来准确估算最早人类的技能状况。因为他们的许多器具可能是木制或是其他难于保存的材料制成的"③。正是为了回避上述争议，笔者将本书思考的起点选定为新石器时代，即大约 12000 年前，因为这一时期类人猿已经完成了向人的进化，而且还发生了社会经济和技术的转型，"从食物采集转至食物生产"④，人类开始在适宜居住的地方"进行农耕，过着定居的乡村生活"⑤，已然拉开了文明的序幕。本书用到的第二个分界点是 17 世纪晚期，因为按照法国著名的技术史学家布鲁诺·雅科米的考证，工业革命"从 17 世纪起就埋下了根，是为了准备 18 世纪末在英国，以及 19 世纪在欧洲

---

① 包国光、钱丽丽：《论技术的起源》，《东北大学学报（社会科学版）》2005 年第 3 期。

② 同上。

③ ［英］查尔斯·辛格等：《技术史》第 I 卷，王前等译，上海科技教育出版社 2004 年版，第 14 页。

④ ［美］J. E. 麦克莱伦第三、哈罗德·多恩：《世界科学技术通史》，王鸣阳译，上海世纪出版集团 2007 年版，第 18 页。

⑤ 同上。

大陆各国的深刻变化"①，自那时开始"技术实践变得日益系统化"②，此外17世纪的分期也恰好与前文所叙的米切姆先生考据的"设计"一词当代含义的诞生的时间大致吻合。

也就是说，本研究将个体技术和早期简单工程的考证时间域大致定为自新石器时代起，止于17世纪工业革命萌芽，而近现代复杂工程时期则自17世纪至今；至于当今某些原始部落或边远地区仍旧主要使用个体技术的事实，由于其是一种偶然的、小范围现象，不代表整个人类发展进程，因而不与本书的探讨相左。

李伯聪教授曾一语中的地指出对"工程设计"进行史学溯源的困难，"我们不可能在此具体叙述古代时期设计发展的情况——即使是轮廓性的叙述也是不可能的"③，这样的说法的确切中了要害，由于古代工匠传统与学者传统的分裂，使得学者不仅远离技术、工程实践，而且更鲜有人愿意用文字记录这些活动；而工匠由于受教育程度有限，具有著书立说能力者甚少，而且更重要的是，古代工匠传统侧重的是秘传，即使会有一些技术方面的书面记录，也不会轻易外泄；同时，由于时代的原因，诸多技术文献也都散佚殆尽。因此，为保证本章研究的客观性，笔者以历史遗留下来的技术文献和考古学上发掘的技术遗物为依据，采用推演法对17世纪以前设计的一些情况进行考证。

第一节　个体技术中孤立的设计活动

我们先来思考一下个体技术中的设计是怎样的。

---

① ［法］布鲁诺·雅科米：《技术史》，蔓菁译，北京大学出版社2000年版，第197页。

② A. A. Harms, etc., *Engineering in Time*, London：Imperial College Press, 2004, p. 81.

③ 李伯聪：《选择与建构》，科学出版社2008年版，第240页。

一 嵌入到自然与经验中的设计

（一）原始社会时期设计的萌芽

尽管"设计"行为肇始于 17 世纪，但笔者认为，设计意识与人类的产生却具有同时性，因为不论在人类起源问题上具有怎样的争议性和模糊性，如果真的存在第一人的话，那么可以断言他（她）在制造出可以让他（她）标示为人的第一件最粗糙的工具的时候，脑海中一定已经对所制造的工具有了一个粗略的预期，比如它要实现怎样的功能，构建成怎样的形式来实现，选择怎样的材料来帮助实现等等，这个过程就是设计的最原始形态。

等到人的进化实现完毕后，设计意识虽然不常见，但依然偶有发生，我们可以试着用移时的史学态度通过考古学上的证据倒推这一结论。新石器时代的人们"设计了许多基本的技艺，发明了许多复杂的工具如弓箭，更别提叉子、锯子、楔子、木槌、凿子、手斧和斧头等等，而那些数不清的狩猎和渔猎的精巧工具也正是由它们发展而来的"①，通过这一事实可以合理推知：这些绝不是自然中本身就有的，而是由人发挥主观能动性制造的；这些形状各异、功能有别的个体技术意味着早期人类已经意识到应付不同的情境必须使用具备不同功能的工具，而要实现特定的功能就需要首先思考如何挖掘可获得的材料的不同性能并将其打造或组合集成为特定的形状以达到这一目的，这一能够将材料—功能—目的联系起来思考的做法显然与今天的设计本质上别无二致。不可否认，在那个茹毛饮血的年代，某件工具最初的获得或许有很大的偶然成分，比如早期人类为了排解寂寞将两块石头互相碰撞发现获得的石片居然可以将树皮剥掉，这一情形可能最初除了新奇不会引起太多的关注，但是当一段时间后人类想要得到树皮从而思考该如何实现这一目的，

① ［英］查尔斯·辛格等：《技术史》第 1 卷，王前等译，上海科技教育出版社 2004 年版，第 27 页。

然后靠着过去的记忆开始刻意地用两块石头打磨出石片时，此时就是在设计意识指导下的制作活动了，然后这一偶然获得的技术不停扩散并代代相传，这种有目的的改造自然的意识也随之流传下去。

（二）文明时期设计的形态

新石器时代结束之后，于公元前4000年左右人类开始进入文明时代。

此时的人类已经累积了丰富的技术基础，具有发达的技术智慧，能够制造出复杂的个体技术了，比如织布机、水车、船以及当时堪称最精密技术的钟表等，这是因为人类自身对生产和生活有了更多的需求，"认识一种需求本身就是一个创造过程"①，因为识别出需求就意味着对希望实现的功能开始产生最初的设想了。

古代的很多作品比如中国的《天工开物》、《考工记》等都记载了某些复杂个体技术的详细绘图，比如苏颂绘制的关于水力天文钟的结构图。通过结构图这一事实我们至少可以获知设计应该与当时的工具制作是相关联的，不过需要注意的是，这时的设计结构图只是起到了范例的作用，对具体的生产实践指导意义不大，跟我们今天的产品设计时使用的规格说明和生产图纸是不同的。一般而言，手工匠人们在具体的建造中并没有一个独立的时刻可以像今天那样被称之为设计，因为一个手工匠人可能一生只从事一种工具的制造，他所积累的经验和所沿袭的技术系谱已经让他对每次制造之前应该选取什么样的材料，选取材料的哪个部分，将其打磨、构建成怎样的形状，甚至最终的成品是什么样子都了然于心，制造完成的时刻才是设计彰显的时刻。从某种意义上说此时的设计意识和行为都是隐形的，与制作者是不可分离的。

（三）包含着自然与经验的设计

如前文所述，古人对自然总是充满了敬畏之情，这一点表现在

①　［印］维杰伊·格普泰、P. N. 默赛：《工程设计方法引论》，魏发辰译，国防工业出版社1987年版，第39页。

个体技术的设计上就是每一件技术物都与周遭环境取得一种半衡关系，因而具有很大的环境相容性和文化恰当性，是典型的自然—社会情境中的设计。首先，工匠所设计之物是对所处环境的一种回应，"在没有水域可航行的地方，不可能去设计什么独木舟"[①]；其次，设计的选材依赖于并极大发挥了所处环境的特征，例如中国南方盛产竹子，因此该地区各种技术如风箱、桥的设计中均加入了竹子并巧妙利用了竹子抗弯强度大、轻、有稳定的截面、管形结构等特点，对于这一点法国技术史学家布鲁诺·雅科米甚至说"竹和铁肯定是中国技术发展最重要的材料"[②]。可以说，自然环境对于古代技术来说既是推动性因素又是限制性因素，从这个意义上说伟大的法哲学家孟德斯鸠提出的"地理环境决定论"还是有一定道理的。

个体技术环境相容性的另一个原因与当时设计演进的速度非常缓慢有很大的关系。一般情况下，已有的技术设计是不会轻易被更改的，因为这些技术传统大多已经历经了许多年甚至许多世纪，在这一过程中有利的特征被保留下来，"错误"的地方则退化消失。这时一项技术出现所谓的"错误"特征并不仅仅意味着功能上的障碍，而是同时包含了美学、社会道德接受度、环境可持续性、文化适应性等众多方面的失灵或不相容，因此如果一个技术传统得以流传就意味着该个体技术在这一时刻已经是与各方面达到平衡与协调的最优设计了。我国古代农民使用的犁就经历了几千年的演变，最终的产品是在制造者可得到的材料、工艺技术水平约束等方面的最优设计。那时严格意义上的设计创新很少发生，除非遇到新情况需要对原有设计原型进行改动，但即使这样工匠们一般会用直觉试凑的方式进行，为了提高某一方面的性能，工匠们可能会将身边所

---

① ［英］查尔斯·辛格等：《技术史》第 1 卷，王前等译，上海科技教育出版社 2004 年版，第 41 页。

② ［法］布鲁诺·雅科米：《技术史》，蔓君译，北京大学出版社 2000 年版，第 91 页。

能用到的材料都试用一遍，即使做了错误的抉择也由于其应用规模比较小而不会对环境、社会造成太大的伤害，如果恰好改进了原有设计，这一设计成果会被铭刻到技术传统中成为它固有的特征流传下去。正是由于个体技术的传统是由一代又一代实践者经验累积而成的，所以 W. 凡登伯格教授对此给出了极高的评价——"最高超的技术总是包含在技术传统中"[1]。

个体技术的工匠们做工靠的并不是什么科学知识和分析方法，而是师—徒制作中学下习得的技术传统以及匠人们自身长期与技术切身接触形成的隐性知识。像滑轮之类复杂机械的制造和使用说明匠人们对物质的机械、物理以及化学知识具有了一定程度上的认知，而且这种认知在工匠的世界中有着丰富的意义和解释功能，不过却与今天的科学知识相去甚远，因为它并不是通过对现象的抽象了解得到的，因此只能算作是一种朴素的关于自然的实用知识。这时工匠做工有两个突出特点：第一是手脑并用，因而劳动尚未异化，"在劳动中，发挥重要作用的是劳动者的经验和技巧"[2]，对于从事本行专业和做好这项专业有一定的兴趣，而且"这种兴趣可以达到原始艺术爱好的水平"[3] 的人通常具有极高的悟性，因此最受尊重和信任；第二是过度依靠感官形成的负反馈来协助制造全过程的完成，比如造船师会根据桅杆的弯曲或部件结合处发出声响判断其承重过重，会根据部件的偏斜或断裂判断船体疲劳，还会根据不同的声音判断是哪种类型的木材在极度重压下发生的。以上这两个特点也最终使得技术传统有了一个最大的弊端——很容易达到一个"锁定"（Lock‐in）阶段，很难再提升，毕竟经验和感官反馈都是有极限的，而这累积到一定程度最终导致了工业革命后在科学指导下的系统设计和制造的出现。

---

① Willem H. Vandernberg, *Living in the Labyrinth of Technology*, Toronto：University of Toronto Press，2006，p.239.

② 孙大鹏：《自然、技术与历史》，复旦大学出版社 2009 年版，第 152 页。

③ 《马克思恩格斯全集》第 3 卷，人民出版社 1960 年版，第 59 页。

二　设计主体角色的单一与多重辩证

显然个体技术的设计主要由同属于一个技术传统下的单个人或有限数目的人完成的，这些人的关系有可能是单纯的师—徒，也有可能是家庭等近亲。各种行会是这一时期非常重要的组织，它由同一职业的手工艺人组成，可以说是一种"职业共同体"，李伯聪教授将其看作工程共同体的第一种组织类型（类型 I）。行会为手工艺人们设立了一定的行业规矩，比如禁止不同行业之间存在合伙关系，定期缴纳会费，对同一行会的人提供帮助等。笔者以为，这种形式的工程共同体对个体技术的设计乃至制造都并未产生什么实质的影响，因为行会的建立主要出于垄断市场、限制竞争的经济目的，并不干涉手工艺人自身的设计行为，因此这一时期的个体技术的设计可以说是在"孤立"的场境下完成的，而行会这一封建社会特有的产物却由于其对商业活动的约束，最终被资本主义湮灭在历史的长河中。

古代个体技术的设计主体在身份上有一个显著的特点——单一与多重辩证，这一点体现在两个层次上：第一，一件工具通常只是由一个手工艺人独立或在有限协助者帮助下完成的，而且设计总是遮蔽在制作之中，因此设计者也是制作者，有时还是使用者和改进者；第二，一个手工艺人虽然主要以从事某一手艺为主，但他（她）同时还继续扮演着其他的社会角色并履行着不同社会角色下的义务，即使在制作的时候也是如此。例如某个木匠正在做工，但此时他（她）的孩子们正在附近玩耍嬉戏，那么这位父亲（母亲）还得看顾着这些孩子们，当干别的事或是当他（她）怀疑某些事正在发生，需要他（她）介入时，比如邻居来造访，他（她）都会不时地放下手里的活。这时大量的家庭活动与哺育子女、维系与邻居、朋友的关系、做其他生产性活动，如缝补衣物、看管菜园子等都纠缠在一起。也就是说，设计也好、制作也好都是嵌入在生活中的。对此，W. 凡登伯格教授曾谈到，工作（work）是一种特殊的状态，它并不是一直就有的，而是机械化以后出现的一种迷思（myth），"今天，工作就是工作，不再是什么别的东西，休息和家庭生活都与工作分离了，结果，人们生活的完整性也开始遭到破坏"①，这样一来，社会开始分化出单一的角色，出现了工程师、工人、企业家等不同的社会称号和分工，每个人身上这时通常只有一种社会角色是最突出的，虽然他们依然扮演着如家长、子女、邻居这类的社会角色，不过这些角色下的义务已经弱化，因为工作意味着要在特殊的地点而非家庭中进行。

第二节　早期工程中设计与工程共同体的弱关联

根据史学家的考证，"新石器时代的社会绝未达到过王国出现以后的社会那样复杂的程度。他们从未建立过大城市，亦无宫殿、寺庙一类的大型封闭建筑"②，这些是从文明社会，即距今 6000 年前自近东地区开始拉开帷幕的。也就是说，那些简单的早期工程形态肇始于文明社会。

一　关于设计在早期工程中存在的论证

技术组合式的造物活动一般发生在水利、建筑、冶金、采矿等领域，比如修建都江堰、建造金字塔等。这类活动已经与我们今天所讨论的工程在含义上很接近，可以看作是当代工程活动的早期阶段。不过需要强调的是，相对于当代工程直接而现实的对人—社会—自然进行大规模改造、从而成为社会存在和发展的物质基础而言，早期的这种工程活动只是偶发行为，如李伯聪教授所说——"大型工程建设活动只是当时社会的'暂态'，而分别从事个体劳

---

① Willem H. Vandernberg, *Living in the Labyrinth of Technology*, Toronto：University of Toronto Press，2006，p.53.

② ［美］J. E. 麦克莱伦第三、哈罗德·多恩：《世界科学技术通史》，王鸣阳译，上海世纪出版集团 2007 年版，第 42 页。

动才是社会的‘常态’”①，或许这也是造物主题之所以久久徘徊在哲学家园之外的一个原因。

与个体技术的制作总是将设计遮蔽于其中、制作完成之时才是设计解蔽之时相比，设计却是早期工程活动中一个独立的显性环节，尽管并无太多史料对这一事实进行记载，但我们依然可以基于以下理由进行合理的推断：首先，工程活动的不可复制性是设计成为显性的必要条件。每一项工程活动在当时来说都是特殊的（unique），即使是同类工程，如中国的都江堰和埃及的尼罗河改造充其量也只能说它们在功能上具有相似性，而具体实现这一功能的实践过程则大相径庭。这是因为如前文所叙，近代以前的工程观倡导的是顺应、依赖自然，这样一来自然状况本身的差别就决定了即便是解决相同的问题，也无法照搬已有的工程实践，而是必须要在可利用的各种自然、人文、技术条件的基础上设计出符合当地要求、具备实现可能性的工程，例如都江堰是充分利用了水鱼嘴、宝瓶口、飞沙堰的地形地貌，而埃及人则是使用了尼罗河巨大的水利底层结构。其次，工程活动的复杂性和规模化是设计成为显性的充分条件。一方面由于技术水平有限，古代许多大型工程都是通过使用大量人力来实现的，当时每一个工程所涉及的工匠数量要远远多于现代工程，要使用多少人？这些人需要具备哪些条件？人和人之间怎样配合可以达到最优？这些问题都必须要事先确定，并不是人越多越好，"人力如果要发挥效率，必须经过适当地调配使用"②，比如理论上说 20 个壮年男子能够将大约 1 立方米，重约 1 吨的重物提升到要求的位置，但如何站位才能让 20 个人同时抓住这块石头呢？另一方面，此时的工程一般都是借助已有的个体技术的组合来实现目标，以修建梵天寺木塔为例，在修建之前一定会用到已有的

---

① 李伯聪：《关于工程师的几个问题——"工程共同体"研究之二》，《自然辩证法通讯》2006 年第 2 期。

② ［英］特雷弗·威廉斯：《发明的历史》，孙维峰、黄剑译，中央编译出版社2010 年版，第 75 页。

木结构和钢结构，那么如何安排这些个体技术以便让它们在工序上有序配合从而实现最优组合呢，毕竟任何工程都是有工期和资源限制的，如何在最短时间、耗费最短人力、物力达致效果是必须要提前规划好的；而且很多时候除了利用已有的技术工具外，还需要考虑设计并修建一些基础设施来确保工程的进行，例如沈括在《梦溪笔谈》中记录了苏州到昆山县间修建长堤的工程案例，筑堤修路要用大量的土，但在水网地带却是多水缺土，这时工匠们就设计了一个巧妙的施工方案①："就水中以蓬蒢、刍稿为墙，栽两行，相去三尺。去墙六丈，又为一墙，亦如此。漉水中淤泥实蓬蒢中，候干，则以水车汰去两墙之间旧水。墙间六丈皆土，留其半以为堤脚，掘其半为渠，取土以为堤"。这显然是提前规划并设计好的，而不是在修建过程中才开始想到的。

从某种意义上可以说，古代大型造物活动中的设计环节与今天工程设计、产品设计在一项工程项目中所发挥的作用是一致的，即，实现各种约束下的目标最优，同时将对未来可预计的各种不确定性的解决措施提前纳入人工存在物的建造过程中；然而与今天的工程设计比，古代的工程设计显然更为重要，因为那个时候资源是有限的，一旦由于考虑不周在施工中或是施工后出现某些问题会造成极大的浪费，给社会带来沉重的经济负担，而这也恰恰促成了古代世界各国的很多工程项目都做到了经久不衰，比如都江堰经历2000多年依旧发挥着蓄水泄洪的功能。从这一角度我们也可以推断工程设计不仅是真实存在的，而且对于当时的造物活动还有着非常重要的意义。

笔者以为，我们可以试着仿照清教徒——认为大自然在结构上的精致绝非演化的结果，而是被设计出来的，从而论证出神的存

---

① 即"先用草把、芦苇等在水中扎成宽三尺、相隔六丈的两组夹墙，接着捞出水中淤泥填到两道草把夹墙内，于是，水中就形成了草把墙夹护而成的两道淤泥土墙；等淤泥干了以后，再将两道土墙之间的积水抽干，这样就有六丈宽的土可挖了"。参见沈括《梦溪笔谈》，潘天华注解版，江苏大学出版社 2010 年版，第 147 页。

在——这一逻辑看一下历史遗留下来的那些做工精细的工程物，从金字塔到方尖碑到赵州桥等等，它们显然也不是自然界演化的结果，也是被精心设计并建造成实物的，只不过这次设计者不是神，而是那些能工巧匠们。

二　早期工程中工程设计知识态的构成分析

与家庭作坊式的个体技术的设计与制造相比，早期工程大多是国家或是地方政府主导下的行为，因此尽管当时世界各国都普遍存在着工匠传统与学者传统的严重分裂，但各国的官学中又总是不乏技术教育的内容，比如自亚历山大大帝而来的以钻研机械闻名的亚历山大学派①；我国亦自春秋战国起就有墨家学派，秦汉之后"传统技术教育由'畴人之学'转变为'官宦之学'。唐代以后更创立太医院、国子寺、钦天监等具有科技专科学校性质的机构"②，培养出一批如李冰、杜诗、苏颂等具有技术专长的"官匠"。需要指出的是，笔者这里提到的"官匠"并不包括那些供职于官府，并不进行实际生产，而只是制造一些游戏、玩具供统治者消遣的匠人们，因为他们的工作充其量只能算是个体技术的制造，还称不上是工程。

除了兼任朝廷命官的官匠外，政府有时也会起用一些未受过专门工程教育训练但有着丰富经验的"民匠"来负责工程的设计和建造，比如赵州桥的设计者李春就是一位石匠。

一般而言，早期工程设计的内容主要包括人工造物的式样设计，类似于今天的产品设计，根据史料记载，隋朝的宇文恺受命修建明堂，在正式动工之前，他"用一分为一尺的比例，设计了1：

---

① 希腊著名的机械工程师亚历山大·希罗（Heron d'Alexandrie）就是亚历山大学派的出色继承者。公元前 400 - 前 200 年间这个学派其他突出的伟大人物还有机械师阿尔奇塔斯（Archytos）、克泰西比奥斯（Ctesibios）以及拜占庭的费隆（Philon）。

② 王前：《"道""技"之间——中国文化背景的技术哲学》，人民出版社 2009 年版，第 203 页。

100 的明堂图样，著有《明堂图样》二卷，并制为木样（木制模型）"①；也包括生产次序的安排，类似于今天的流程设计，有时还会标注生产中的检测标准及某些工具的使用方法，亚历山大城的建筑师希罗就手绘了铁吊架的使用方法，《天工开物》则详细记录了铸造万斤以上大钟的方法、次序以及需要注意的事项等。

此时的设计有一个突出特点，即，在今天看来都非常符合科学原理。比如都江堰可谓是系统工程思想与水利工程实践结合的一个绝佳案例，它在设计上发挥了各部分之间的相互依仗关系，充分利用水鱼嘴分流，飞沙堰泄洪排沙，宝瓶口引水，不仅如此，与今天的三峡水坝相比，都江堰的建立对当地生态环境并没有造成负面影响。再比如，希腊露天圆形剧场的建造恰到好处地利用回声创造了优异的声学效果，与现代科学的声学原理有异曲同工之妙。然而笔者认为，这一时期人工存在物的设计虽然在最终实现效果上与今天科学指导下的设计是一致的，但二者却绝非是一回事。这是因为：首先，从本质上说，此时的工程设计知识从属于一个社会在文化意义上对这个世界的整体认知和解释，是一种富含情境的知识体系，因此它总是能最优地处理与自然—人—社会之间的关系；其次，从内容构成上说，此时的设计方案已经包含了大量的定量知识，例如《考工记》中明确记录"金锡相半，谓之鉴、燧之剂"，意即"金和锡各一半的合金，是适用于铸镜的合金配比"；《天工开物》中谈到制作铸钱的模子的时候，提到要用四根"长一尺一寸，阔一寸二分"的木条构成空框；《九章算术》一书则专门用数理逻辑来解决工程实践中遇到的各种问题。不过无论是民匠还是官匠，这种定量关系却不是通过严密的科学推算获得的，而是总结无数直觉式的试凑和试错的结果，因此是一种"知其然而不知其所以然"的实用知识，这些知识中有时候含有猜想的成分。例如，《天工开

　　① 汪建平、闻人军：《中国科学技术史纲》，武汉大学出版社 2012 年版，第 271 页。

物》在提到如何制取朱砂一文中虽然详细记录了从朱砂中提取水
银的方法和步骤,但却并不清楚其中的缘由,而最终将其归结于天
机。作者写道"煅火之时,曲溜一头插入釜中通气。一头以中罐
注水两瓶,插曲溜尾于内,釜中之气在达于罐中之水而止。共煅五
个时辰,其中砂末尽化成汞,布于满釜。冷定一日,取出扫下。此
最妙玄化,全部天机也"①。除了这种定量的显性知识外,隐性知
识也是设计方案中一个不可或缺的组成部分。隐性知识大多用一种
隐喻的方式来传达,例如使用"如""若"等虚词,《天工开物》
中在造白糖的方法中提到"其花煎至细嫩,如煮羹沸",即便在侧
重理性计算和理论研究的古希腊也有类似的表述,维特鲁威在描述
制作石膏要使用哪种沙时说道,"当最好的沙被拿在手中摩擦时,
会发出强烈的声音"②,大连理工大学的王前教授将这种现象称之
为"取象类比"。取象类比意味着制造过程要严重依赖工匠们的技
能和经验。工匠们的经验在早期工程设计和实施过程中有着非常重
要的作用,他们通过长期反复的现场实践不仅熟练把握了工程活动
各要素的特殊性及其相互关系,而且"将控制技术活动的关键条
件转化为某种亲身体验的能力"③,从而形成了"一套靠自己的体
验来把握的独特的测算和推断方式"④。据沈括在《梦溪笔谈》中
记录,北宋梵天寺木塔修建时发现建到二三层时塔身晃动,原以为

---

① 译文:顶锅上的小孔和一个弯曲的铁管相连接,曲管的另一端则通到装有两瓶
水的罐中,管身从头到尾都用麻绳密绕,并涂上盐泥加固,接口处不能有丝毫漏气。在
锅下加热后,朱砂里的水银不断化成气体,经过曲管到达水罐而受冷却。烧火共十个钟
头,朱砂粉末就全部化为水银布满锅壁。冷却一天之后,取出扫下。这里的道理最难捉
摸,真是自然界变化的奥秘啊。摘自顾长安整理的《天工开物·梦溪笔谈》,万卷出版
公司2009年版。

② [英]特雷弗·威廉斯:《发明的历史》,孙维峰、黄剑译,中央编译出版社
2010年版,第61页。

③ 王前:《"道""技"之间——中国文化背景的技术哲学》,人民出版社2009年
版,第186页。

④ 王前:《"道""技"之间——中国文化背景的技术哲学》,人民出版社2009年
版,第189页。

铺上瓦后会有所改善，但并未见效，于是私下询问当时著名的木匠俞皓，俞皓说只要每层铺完木板后用钉子钉住，塔身就不会摇晃了，工匠照此法办，塔身果真稳定了。李春设计的赵州桥大胆启用拱形结构显然也是利用其多年石匠经验形成的隐性知识。由此可见，早期工程设计中的知识态是定量的实用知识与隐性知识的双相位结构分布，如图 3.1 所示。

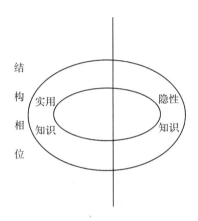

图 3.1　早期工程设计中的知识构成相位图

资料来源：作者整理所得

从某种程度上说，个体技术在知识态上也是实用知识和隐性知识的双相位结构，例如关于原材料特性、功能、工艺条件、规格尺寸等方面的知识也是以文本形式的明言知识记录在册成为工匠们世代遵守的法则，不过为限制手艺的外泄并保证市场的垄断，个体技术的设计中隐性知识的比重总会高一些；而大型工程中由于要使用大量的劳动力，而这些劳动力有些是战俘，有些则是以服徭役的方式临时召集的一批农民和工匠，他们的专业性较差，培训时间又短，因而为保证工程的正常运行和如期完成，实用知识的比重会高一些。

三　单向度的工程设计

早期工程活动的组织从结构和形式上看，已经具备了李伯聪教授笔下论述的现代工程活动共同体（类型 II，简称工程共同体）的主要特征——即，"由各种不同成员所组成"① 且 "可以具体承担和完成具体的工程项目"②。李伯聪教授认为，现代工程共同体成员涉及投资者、管理者、工程师、工人和其他利益相关者五个主要操作子（actor，此处借用社会学家 M. 卡隆在 ANT，即行动者网络理论中的术语），让我们来看一下这五个操作子在早期工程中是如何体现的。

按照已有史料可以发现，这一时期无论是中国还是世界上其他有文字记载的文明国度，工程的发起者、投资者和管理者角色都集中在国家或地方各级政府身上，从材料的供给、劳动力的征集、管理、项目的设计和规划到资金的核算等等都是政府完成的，这是因为，首先，工程的复杂性和规模性已经超出了一般民众的承受范围；其次，此时的工程项目除兴修水利③是为着民用外，大部分都与国家、皇权的意志以及政治利益直接相关，比如金字塔、阿房宫、方尖碑和钱币的铸造等。"工程师"的角色则基本由那些掌握一定实用知识并具有丰富技术经验的官匠和民匠们充当。不过，这里有两点是需要强调的：第一，对于官匠们来说，他们更重要的身份其实是官员，例如主持修建大兴城的丁谓是宋朝宰相，李冰和杜诗等也都是朝廷命官，造物活动只是他们职业生涯中偶然发生的事件；第二，无论是官匠还是民匠，他们造物所使用的实用知识主要来自于长期实践积累的经验，并不是靠科学分析和数学计算得来的，这样一来他们的很多结论很可能

---

① 李伯聪：《工程共同体研究和工程社会学的开拓——"工程共同体"研究之三》，《自然辩证法通讯》2008 年第 1 期。

② 同上。

③ 兴修水利在历史上对于世界各国来说都是一件经常发生、且非常重要的民用工程。水与人类的发展之间似乎有着剪不断理还乱的关系：水孕育了人类最初的发展，四大文明古国都诞生在水源地附近，人类依靠水灌溉了田地，哺育了一代又一代的人，但与此同时水又总是威胁着人类的生存，要么断流要么泛滥，因此人类又从最初就不停地与水进行抗争，思考如何控制水。

是不准确的，这些经验、结论在应用到个体技术层面或许是适用的，但当应用到工程层面上时就有可能由于或然性的增多、部件互动的增强而出现各种问题，为了解决问题，工匠们通常是通过不断"加一点、减一点"这样的直觉试凑来逼近最终的答案，可是这样的做法在很多时候并不能行得通，因此历史上失败的工程实践远多于成功的工程实践。例如，吴焕加先生在《建筑的过去与现在》一文中写道："古代的建筑常常是盖一点，瞧一瞧，不行再改，时间拖延很长。历史上垮掉的建筑是很多的。"① 当然，也正是出于这样的原因，到了 18 世纪经历了第一次科学革命的洗礼后，理性以及由此而来的科学这位世俗神开始大展神威了。至于工人的角色，由于古代工程活动并不是时常发生的，所以不可能像现在这样有一支长期存在的专业施工队伍，因此每到工程实施时，政府都会将一定数量的奴隶（奴隶社会）或农民（封建社会）、战俘等组织起来劳动。

从上面的分析可以合理的推知，早期工程活动的组织形式是一种典型科层制，也就是说，信息和命令通常是由上到下的单向度传递：处于金字塔上层的皇帝、国王提出希望达致的工程目标，处于中层的工匠们按照这一需求出具设计图纸和标准，给出具体的生产流程安排，确定使用的原料和人员的数量等，处于底层的工人们则按照设计要求实现目标。这一过程基本上是单向的，很少有逆向发生。逆向似乎也是不可能发生的，一边是对"君权神授"和"王命不可违"的信奉，工程师们鲜有与君王讨价还价的机会，另一边则是临时拼凑起来、毫无任何经验的工人，这些人除了按照要求在一定时间内完成造物活动以外，并没有能力对造物过程进行反思以给予工程师任何向上的反馈意见。

---

① 吴焕加：《建筑的过去与现在》，冶金工业出版社 1987 年版，第 383 页。

第三节　近、现代复杂工程中工程设计
与工程共同体的互蕴

在论述之前有必要先做一点说明。目前大多数学者一般倾向于对近代工程和现代工程做分别论述，例如殷瑞钰院士在《工程哲学》第二版中明确主张"18世纪，以纺织机的革新、蒸汽机的发明和应用为标志，发生了第一次产业革命，揭开了一个新时代的序幕，这就进入了近代工程的时代"[①]，而"20世纪初，基础科学特别是物理学的发展，促进了现代工程的产生和发展"[②]，这样的划分应该说是不无道理的。然而，笔者却以为，如果我们从设计的知识形态构成来看的话，近代工程和现代工程至少在一个重要方面是相同的，那就是，它们在设计环节甚至整个工程实践中都应用了大量通过观察和实验取得的、可以量化的客观知识。到今天，设计的这种客观知识态倾向已经演化为工程本身的一个内在属性，在笔者看来，正是由于工程内在本质出现的这一客观知识态倾向才使得随后在关于工程的讨论上出现了工程是应用科学的论点，现在看来，这一观点也不无道理。面对"工程"的不同界定，我们是否可以这样理解：关于工程以及工程设计的考据史似乎表明，"工程"事实上是一个历史现象，是在历史中生成的，不同的关于"工程"的定义从某种程度上凸显了不同时期"工程"自身演化过程中的一些突出特征，也就是说，每种定义其实都具有一定程度上的合理性，但又都无法穷尽"工程"这一实体的全部内涵。在工业化的进程中，科学的确为造物活动作出了很大贡献，如W.凡登伯格教授所言，"当那些对某个技术传统非常熟悉的人进入了瓶颈的时候，他们都别无选择，只能向

---

① 殷瑞钰、汪应洛、李伯聪等：《工程哲学》，高等教育出版社2013年版，第4页。
② 同上。

科学求助"①，因为"借助科学能够让他们得到一些量化的东西，或是促进他们所具有的经验法则的发展"②。但如果据此就直接得出结论说工程开始变成了应用科学，显然又是对历史的不尊重，因为工业化之前的很长一段时间里，并没有现代意义上的"科学"，造物活动靠的是时代传承的技术经验和工匠个人的技能；而在现代，科学、技术的客观知识虽然仍然是工程实践，尤其是工程设计中一个重要的基本组分，但"工程不但涉及思想、价值、知识方面的因素，而且必然涉及资源、资本、土地、设备、劳动力、市场、环境等要素，而且要经过对这些知识、工具、手段和要素进行选择、整合、互动、集成在一起，才能进行有结构、可运行、有功能、有价值的工程实体"③，也就是说现代意义上的工程不再是任何单一要素的衍生物，而是按照自我是其所是的、具有本体论价值的独立实在。"现代工程已经主要不是经验、技艺的产物，而是现代科学、现代技术等知识物化的结果"④，我国工程哲学学者们将这一点称为"现代工程的科学技术内涵"⑤。基于此，笔者将关于近代工程和现代工程的探讨置于同一个框架，因为在对待客观知识的应用上，二者只不过是量上的不同，没有质上太过于严肃的分别。

一　客观知识态下的工程设计：出场语境与影响

如果说设计最终演化为工程中一个独立的、专业性的活动"其背后的历史动因在于工业化的大规模生产模式"⑥ 的话，那么

---

① Willem H. Vandernberg, *Living in the Labyrinth of Technology*, Toronto：University of Toronto Press，2006, p.195.

② Ibid.

③ 殷瑞钰、李伯聪：《关于工程本体论的认识》，《自然辩证法研究》2013 年第 7 期。

④ 殷瑞钰、汪应洛、李伯聪等：《工程哲学》，高等教育出版社 2013 年版，第 4 页。

⑤ 同上书，第 162 页。

⑥ ［美］卡尔·米切姆、布瑞特·霍尔布鲁克：《理解技术设计》，尹文娟译，《东北大学学报（社会科学版）》2013 年第 1 期。

设计由依赖与经验、文化相关的隐性知识演进为大量使用客观知识，却是工程实践自身逻辑演绎的结果。

工业化之前，传统的工程、技术实践似乎在各方面都进入了一种停滞阶段。一方面，造物活动本身复杂性、系统性、规模性的不断增大使得"根据经验观察所起到的指导作用越来越有限"①，过去单凭感官直观检查就能知道一项工程在设计上是否已经完备（比如造船时如果某一单元技术出现过度震颤说明支撑力度不够），现在却不是这样了，比如对于此时刚从医学中独立出来的化学过程来说，人们很难将化学物的颜色与其基本属性一一对应，因为一个化学反应冒出来的棕色的烟可以有很多种含义。也就是说，由感官形成的负反馈变得不再可靠了；另一方面，虽然一直以来传统经验指导下的工程实践表现出很强的社会—文化恰当性和环境可持续性，但久而久之一些意料之外的后果（unintended consequences）逐渐积累在一起，出现了一些前人不曾料想到的问题，超出了人们的理解和控制范围，这方面最直接的一个例子就是早期中东文明的开垦模式使土壤逐渐出现了盐碱化，而当时的人们却对此束手无策。

或许哲学真的是对时代精神的反思，肉体承载的感官体验在工程、技术活动中的频频失察使哲学家们愈加怀疑经验主义所产生的对世界认知的合法性，于是为知识重新确立一个清晰明确的基础，便成了以牛顿、笛卡尔为代表的 17 世纪自然哲学家们的追求，他们对数学尤其是几何学倾注了极大的信任，在他们看来"唯一的同时是清楚和明白的知识是理性的知识，特别是数学的知识"②。而数学在从隐性知识到客观知识的过渡上发挥了至关重要的作用。

① Willem H. Vandernberg, *Living in the Labyrinth of Technology*, Toronto：University of Toronto Press，2006，p.194.

② ［荷］托恩·勒迈尔：《以敞开的感官感受世界：大自然、景观、地球》，施辉业译，广西师范大学出版社 2009 年版，第 122 页。

这场"几乎是几何学中的完全的革命"① 的新的"数学精神"几乎浸染了当时所有的智识领域，巴黎科学院终身秘书丰特内勒甚至宣称数学"能够改善政治、道德、文学批评甚至演讲方面的工作"②，不仅如此，上帝创造自然所遵循的规律在当时也被认为本质上是数学的，不过仅有数学式的逻辑论证并不能揣摩上帝的意图，"只有通过实验才知道它们"③，"于是，在17世纪，实验就成为理由充分的接近自然的方法"④，而数学和实验联姻最终带来的"新科学"，成为诞生一种新的工程认知方式——客观知识——的关键。需要提及的是，数学的泛用引起了17、18世纪自然科学各个方面的变革，数学家达朗贝尔甚至杜撰出"科学革命"一词来形容这一时期自然哲学中发生的变化，不过法国人倾向于用"光之世纪"来指称这段历史，因为它强调理性是通向知识的途径，而英语中则将其称为"启蒙运动"。

工程设计知识相位构成中出现的这一客观知识态至少带来了两个变化：第一，技术知识的难言成分降低了，变得可以用数学符号、理论模型等方式清晰表述和传递了。这样一来，一方面技能的习得就不再严格受制于秘传式的师—徒制，而是可普遍传授的了，因此出现了现代意义上的工程教育；另一方面，曾经原始文明、农耕文明中不同造物传统所累积的不可通约的隐性知识现在变成可通约的了。以造船和建井为例，二者都会涉及关于材料强度的一些知识，但由于造船和建井在很多方面是不同的，比如使用的建筑材料类型不同（相对于造船来说，建井用到更多软木材），各个构件几何形状也不同（桅杆是圆锥形的，矿井中使用

---

① I. Bernard Cohen, "The Eighteenth – Century Origins of the Concept of Scientific Revolution", *Journal of the History of Idea*, Vol. 37, No. 2, 1976, p. 26.

② ［美］托马斯·L. 汉金斯：《科学与启蒙运动》，任定成、张爱珍译，复旦大学出版社1999年版，第2页。

③ 同上书，第6页。

④ 同上。

的大梁和圆柱则是具有固定规格的长方形横截面），因此材料需要的承重不同，承重方式也不同（桅杆把帆上的力传向船身需要的是一种方式的力，矿井隧道的墙壁和顶部承载的静止且分布连续的力又是一种方式），故而长久以来造船中总结的关于材料强度的知识是无法转移到建井工程中去的，反之亦然。然而当从客观知识提供的比如压力分析的视角看的话，两个行业所需的知识又是可以通约的，因为现在所有关于材料强度的知识都是用一些诸如横截面的惯性矩、材料的弹性模量之类的数学术语来表达，这样所有上述强调的区别就只不过是表面上的不同而已。随着各类计算机辅助技术如 CAD/CAM，Pro/Engineer 的应用以及设计理论本身的深化，越来越多的隐性知识被理性化为客观知识，比如工程相似度分析就是将先前工程实例中的一些重要属性进行量化，然后与设计目标之间进行相似从而生成初始解，不过只要工程设计仍然是灰性的，人类生活仍然没有实现彻底的机械化和逻辑化，隐性知识就依然会是工程设计中一类必不可少的知识形态。第二，设计的客观知识态倾向使得工匠的技艺被去技能化（de-skilling），这样技艺高超的工匠就被无技能（unskilled）的劳动者所取代；不仅如此，工匠技能、经验作用和地位的降低还使工程活动的主角由匠人变成了工程师，由此产生了一种新的劳动分工，"即工匠与工程师的分工"[1]。不过这样的分工却带来了劳动异化（alienation）的问题，因为工匠过去丰富的技能现在被片段化为生产流水线上的一环，简单重复的内容使工匠贬低成泰勒口中"受过训练的猩猩"（trained gorilla）；而工程师从某种程度上也被片段化了，现在一位工程师通常只精通某一学科的内容，于是一项设计的完成就同时需要电气工程师、冶金工程师、机械工程师等的通力合作，不过这却为设计的"最优化"提出了

---

[1] 远德玉：《过程论视野中的技术——远德玉技术论研究文集》，东北大学出版社 2008 年版，第 73 页。

挑战，因为从一种学科范式下得出的最优化行为，从另外一个学科看去却可能不是最优，这就要求来自不同领域的工程师进行不断的协商，也正是基于此，西方著名工程哲学学者布恰瑞利将设计比作"社会过程"。

隐性知识总是在尽可能充分的情境（context）下对现象进行理解，所以传统工程造物活动经常表现出极大的文化适应性和环境可持续性；客观知识则是一类与情境无涉（de‑contextual）、追求数学一致性的知识体系，它具有极大的效率性，在实现特别是成本最优方面有很大的优势。笔者在这里并不是要做一种价值判断，相反，笔者想要强调的是，隐性知识和客观知识是两种并行的知识形式，有着不同的应用领域，使用着不同的指涉框架，甚至其中涉及的人也不同，但是即使隐性知识的发展会由于越来越多科学元素的介入而变得更加丰富，它也永远不会变成客观知识，因为客观知识是在一个数学抽象世界中生成的，在这个世界中到处充斥着不含任何摩擦力的平面、无质量的线、没有摩擦的滑轮、零空气阻力等等这些反经验的东西；也就是说，"这两种知识之间始终存在着某种断裂"①。

图 3.2　当代工程设计中的知识态构成相位结构图

资料来源：作者整理所得

---

①　Willem H. Vandernberg, *Living in the Labyrinth of Technology*, Toronto：University of Toronto Press，2006，p. 190.

二　工程共同体建构下的工程设计——一种挑战技治主义观点的尝试

毫无疑问，工程设计中大量使用客观知识的这一变化使得传统的工程组织方式也相应发生了变化，关于这方面探讨一个颇有影响力的观点要数美国新制度学派经济学家 J. K. Galbraith 提出的"技术专家体制"（technostructure）（此后学者仿照科层制的英文 bureaucracy 写法将 technostructure 技术专家体制改写为 technocracy，也就是在技术哲学界曾很长一段时间所探讨的技术专家治国论）。按照 Galbraith 的分析，设计的客观知识化使得传统科层制下依靠某个个人裁决问题的时代成为过去，因为"单个人只不过掌握了所需知识的一部分"①，现在一个工程问题的解决要用到许多相关专业的研究成果，因此就需要那些来自各个专业领域、受过极高训练的人进行信息共享和合作，比如由工程师负责按照关键参数的数学最优来出具一整套施工图纸，而市场营销专家则根据动态市场趋势提前做好产品进入市场前的评估等。沿着这一逻辑思考下去，工程设计是"工程最为核心的部分"②，而具有专业所长的技术专家们成了世界新的统治者，人类走上了埃吕尔笔下那条令人无比恐慌的"技术决定"（technological determinism）之路。然而，在笔者看来，技术专家体制的提出及其衍生结论或多或少仍然与西方学者秉持的"工程是工程师所做的事"的这一信条有着直接的关联。

如前文所述，我国则是从生产全过程的角度来界定"工程"的概念，这样工程设计就是与工程建设、生产运行、工程管理、工程决策和工程规划一样，是"工程"这一大的实体的组成部分之一，这就意味着，工程设计过程既有自身的独立性，但同时又是更大的工程共同体网络中的一环，与其他环节有着千丝万缕的联系，

---

① J. K. Galbraith, *The New Industrial State*, New York: New American Library, 1979, pp. 11 – 18.

② Ibo van de Poel, "Philosophy and Engineering: Setting the Stage", *Philosophy and Engineering*, Manhattan: Springer, 2010, p. 3.

甚至受制于其他各方利益相关者（stakeholders）的约束。比如投资者有权直接叫停某个具有现实可行性的项目的开发，克林顿政府叫停克隆人技术就是这方面一个典型的案例，而现在设计中讨论的安全性原则最初是为了将生产层面有可能接触到的危险降到最低而设置的；此外开放式软件的设计则是为了满足那些具体工程实施共同体之外的匿名客户端的需求而开发的。如果用社会学上的操作子理论来分析的话，以工程设计作为节点，那么其关系将如图 3.3 所示：

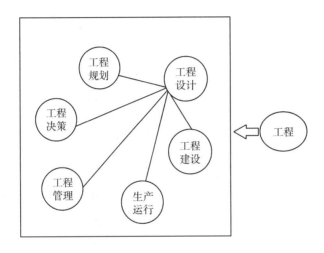

图 3.3　工程共同体形塑下的工程设计活动

资料来源：作者整理所得

必须承认，工程设计对于整个工程的运行的确起着主导作用，不过这并不就意味着工程理性就具有唯一的合法性从而是按照自身逻辑自主决定、生成的，毕竟作为设计最终具象化的工程总是为着满足特定的社会需求、实现一定的社会目标而存在的。而且相比于工程的其他如生产、运行等阶段，设计处于社会学上所谓的"解释柔性"期，也就是说，这一阶段各方争议尚在进行中，是最容易进行工程干预的，尽管仍然无法避免科林格里奇困境，但至少比工程活动终止后再干预要有效得多，而这也就是为何目前西方学界将关于工程伦理的讨论大多集中在工程设计层面的原因。

　　可以说，工程设计是"从特定的需求到制定生产计划的单向路线，以及改进和修正的反向循环"①，同为工程实体中的其他部分都会对工程师的设计活动产生反馈式的影响，笔者会在接下来的一章中对工程共同体中各个因子如何影响设计进行详细的分析，不过在这里笔者想要提前强调一点，工程共同体概念的提出将人的选择、社会的影响同时引入到了工程师的理性活动中，并给予了相应的权重，这就肯定了社会因素与工程之间是相互建构与形塑的，从而打破了西方学界开启的"技术决定"的悲观论调。

---

① 刘建设：《工程设计软技术》，天津科技翻译出版社 1993 年版，第 5 页。

第四章　工程共同体中显性操作子
对工程设计的形塑

　　当代西方马克思主义研究的代表人物安德鲁·芬伯格（Andrew Feenberg）曾提醒我们，一项工程在完成之后"似乎总是让人感觉是纯粹技术的，它的创造过程也仅仅是不可避免的"①，但事实却是，"在任何一项工程刚开始的时候，都有很多可能的技术选择，所有这些都对应着一个或更多的社会组织的利益：企业家，客户，工程师，政治领导……在工程结束之前，选择中的社会利益是很明显的……工程师并不是整个社会的合法的决策制定者"②。笔者在前一章对工程设计行为的历史考察也得出了相似的结论：工程设计这一最为集中体现工具理性的活动事实上是在工程共同体的语境（context）中实现的，也就是说，除工程师（匠人）外的其他相关社会角色的行为和决策都对设计本身产生了一定的"扰动"。在本章中，笔者将进一步打开工程共同体这一语境，还原并解析其中涉及的操作子（actor）究竟是如何直接或间接地影响工程设计活动，并最终影响了人工存在物的物理实现的。

　　李伯聪教授指出，"现代工程共同体主要由工程师、工人、投资者、管理者和其他利益相关者组成"③，不过显然"工程师、工

---

　　①　Christelle Didier，"Professional Ethics Without a Profession：A French View on Engineering Ethics"，*Philosophy and Engineering*，Manhattan：Springer，2010，p. 169.

　　②　Ibid.

　　③　李伯聪等：《工程社会学导论：工程共同体研究》，浙江大学出版社 2010 年版，第 2 页。

人、投资者和管理者"这四个操作子相对于"其他利益相关者"
（stakeholders）来说，一方面角色指涉比较清晰明确，另一方面对
于工程实践有着直接的影响，因此笔者在本章将主要介绍这四类分
工对工程设计的形塑（shape）。

在论述之前，关于为何使用"形塑"（shape）而非"建构"
（construct），笔者想先做一点额外的说明。自 20 世纪 80 年代
SCOT（技术的社会建构）运动兴起以来，关于非技术因子对技术
的影响究竟是用"形塑"（shape）一词还是"建构"（construct）
一词，在技术社会学界有着各自的拥趸，比如技术社会学家平齐、
比克等人倡导使用"建构"，而技术史学家休斯则建议换做"形
塑"。事实上，两个词都承认非技术因子，尤其是社会诸因子对于
技术的作用，但在赋予非技术因子权重上则有很大的不同。关于技
术—社会的这一态度也对今天工程—社会关系的探讨产生了一定的
影响，例如布恰瑞利在《设计工程师》一书中显然将一项产品的
设计看作是由诸多非技术因素"建构"的产物，"设计，像语言一
样，是一个社会过程"[1]，他甚至对设计师的语言进行修辞学分析，
因而呈现给读者的通常是一幅幅设计师们为了自身利益讨价还价的
场面，极大地稀释了工程理性的作用。笔者认为这样的做法是不妥
的，尽管本书以工程共同体为语境解析工程设计的黑箱，希望找到
其中社会、经济、政治等非技术因素的痕迹和影响，然而工程设计
主要还是一种基于数理逻辑基础上的理性行为，因此笔者在这里使用
了"形塑"一词来表达本书的立场。

第一节　作为"经济人"的工程投资者对工程设计的形塑

一　关于"工程投资者"与"投资"的厘定

"工程投资者"和"投资"是两个复杂而庞大的概念，因此在

---

[1]　Louis L. Bucciarelli, *Engineering Philosophy*, Netherlands: DUP Satellite, 2003, p. 9.

论述之前，必须要先做两点说明以廓清二者在本书中的指涉范围：第一，由于 20 世纪之后股份制和股份公司的出现，使得"那些数不胜数的只有小额储蓄的普通民众也有机会成为股民或'基民'，从而成为'投资者'"[1]，但如果以这样的基线探讨的话，工程投资者的角色边界将被无限放大，混淆了真正具有话语权的工程投资者与一般民众的区别，鉴于此，清华大学鲍鸥教授提出了"直接工程投资者"和"间接工程投资者"的区分[2]，将那些一般的股民和基民作为"间接工程投资者"来处理，而将那些真正拥有投资经营权和控制权、其影响力有可能扩散到除融资阶段之外的其他工程项目环节的融资机构或投资人作为"直接工程投资者"。笔者也将沿用这一区分，在本节中主要讨论"直接工程投资者"的作用。第二，我们在这里需要对"投资"有一个恰当的理解。建造一个人工存在物总会需要成本（cost），不过成本并不一定是以货币的形式来表现的，有时也包括环境的退化、不可再生资源的损耗、劳动力的使用等方式，由于这一切都是发生在人工存在物完成物理实现之前，因此被称为"投资"（investment），显然"投资"也"并不必然是用货币价值来衡量的"[3]。

二　作为设计目标界定与评判的工程投资者

作为"经济人"的投资者，无论是企业、政府还是专业的金融投资机构，其做出投资某项工程的决定总是希望在未来能有更大的回报，不论这些回报是以经济的形式还是以社会服务的形式（比如公益性投资）呈现。因而他们一定会首先甄别出那些社会需要（need），需要注意的是，今天的投资者并非总是将资金投入到

---

[1]　鲍鸥：《工程社会学视野中的工程投资者》，《自然辩证法研究》2010 年第 6 期。

[2]　同上。

[3]　Erik W. Aslaksen, "An Engineer's Approach to the Philosophy of Engneerin", *Philosophy of Engineering：West and East*, Manhattan：Springer, 2014.

那些人类真正需要的工程项目上，而是出于市场竞争、开拓利益空间的考虑将"目光集中在什么甜蜜蜜的'成人玩具'、尾翼闪闪发光的杀人机器，以及打字机、面包机、电话和电脑'诱人的'外皮上"①，面对这样的趋势，美国设计理论家维克多·帕帕奈克（Victor Papanek）毫不留情地指出，今天的工程设计已经"失去了一切存在的理由"②，因为它并没有"对人类真正的需要负责"③。此外，投资者有时也会根据自身对市场的预测先将系统或产品制造出来从而引导社会的需要，比如手机的生产在最一开始的时候是为了满足长久以来个体之间实现即时通信的需要，但后来在手机上添加的那些额外的功能，如摄影、摄像、上网等则是由设计引导大众的消费"需要"了。一旦"需要"确定了，工程设计的目标就被确定了，工程师下一步就要思考为了满足该"需要"，客体必须"做到"什么，而不是客体必须"是"什么，也就是，它的功能是什么。如果"需要"的是一个已经有类似先例的客体或者说是在已有客体基础上进行"渐进式的"创新设计，那么设计师的工作相对来说会简单很多，因为此时能够提供一个特定需求功能的物理客体有很多，设计的过程就是从功能域到物理域的直接过渡，这中间只不过会涉及对材料、手段等的选择，当然这种选择与投资者愿意投入的预付资本的数量也直接相关。如果"需要"的是一种"激进式的"（radical）创新设计，由于没有前车之鉴，设计工程师遭遇的挑战就会大得多，因为投资者此时大多只是有一种冒险、笼统的想法，比如美国阿波罗登月计划在提出之时只是一种想法，这时决定设计成败的一个关键在于对"问题的陈述"，"问题"的确定同时意味着对策方向的确定。不过正确的问题陈述通常很难一

---

① ［美］维克多·帕帕奈克：《为真实的世界设计》，周博译，中信出版社 2013 年版，第 36 页。

② 同上。

③ 同上。

次做到，很多时候由于对问题需求界定上出现了问题，结果导致将某些不必要的限制强加于设计主攻的方向上，这就需要对问题进行适当检查从而进一步鉴别出其基本特征。例如，1960 年以前大多数设计师都认为要改进传统打字机的速度就必须缩短托架和按键加速与减速的时间，于是在实现这一目标上花费了很多时间和精力；1960 年之后 IBM 的工程师意识到，如果不局限在托架移动以及在同一空间位置打字的问题上，而把问题考虑得更广泛些，就可以很容易地解决这一问题，最终他们把蜡纸和托架固定，移动铅字盘从而发明了电动打字机。与工程共同体中的其他成员相比，投资者似乎有着更大的话语权，他们总是能够利用手中握有的资本"投票"，通过提供或撤销资源的形式按自己的意愿规定设计的功能，对设计施加影响，使现有的设计安排符合自己的利益。例如如果投资者偏好绿色制造的话，设计师就会想办法改进过去的设计方案，使新的设计增加低碳、节约的环境友好功能，从而为自己赢得必要的资金支持。

事实上，没有一个设计方案是完美的，在每一种"需要"面前都只存在时代性的满意解，而非唯一解。这是因为设计过程中总是有很多约束条件，而其中由投资者造成的约束占了很大的比重。一方面，即使是如载人航天这类的关乎国家安全的重大项目，投资者也不会无限度的投入资金，预算的限制就意味着设计师必须知道自己可利用的机器、设备有哪些，可利用的材料有哪些，实施操作的工人的技术水平是怎样的等等；另一方面，出于生产发展和市场竞争的考虑，投资者总会希望工程构建过程尽快结束，否则工程构建周期过长有可能会使最初投资理念确定时预测的市场趋势由于一些原因发生变化——比如经济衰退、政府出台新的环保政策等——影响了产品的潜在收益。其实"只要有了更多的时间、更多的资金，如果有可能的话，再加上采用比现在更好的工艺技术，人们总可以对它进行改进"①。但恰恰由于资源、资本等的有限性，每一个工程项目就成了投资者对投资机会的一次追求，因为投资了某一水利工程的建设，就意味着投资者缺少同样的资金投资于桥梁工程，因此投资者的每一个决定都是审慎的，是基于对预付成本和潜在人工存在物可能带来的收益之间的考量做出的，而这通常也就成了评判最优设计方案的根据，"如果同样的收入能使用较少的投资，或者同样的投资能获得更大的收益，或者二者可以兼而有之，那么这一方案一定会被选中"②，从这一角度说，工程设计的目的其实是为了让投资产生最大化的收益。或许正是鉴于工程的这一特征，美国技术史学家埃德温·雷顿（Edwin Layton）才坚称"工程具有双重本质，一个本质上是科学，另一个本质上是经济"③。

第二节　作为"理性人"的工程管理者对工程设计的形塑

一　一类特殊的工程管理者——项目负责人

"管理"这一活动最早可以追溯到人类社会的第一个组织形式——血缘家庭的诞生，其"产生的根本动因是资源的稀缺作用和人的欲望的无限性之间的矛盾"④，19 世纪之后随着大规模生产和分工的出现，诞生了一批"具有一定管理知识和经验，通过特定的制度安排而具有一定的权力和威信，影响、感召被管理

---

① ［印］维杰伊·格普泰、P. N. 默赛：《工程设计方法引论》，魏发辰译，国防工业出版社 1987 年版，第 2 页。

② Erik W. Aslaksen, "An Engineer's Approach to the Philosophy of Engneerin", *Philosophy of Engineering*：*West and East*, Manhattan：Springer, 2014.

③ Christelle Didier, "Professional Ethics Without a Profession：A French View on Engineering Ethics", *Philosophy and Engineering*, Manhatton：Springer, 2010, p. 166.

④ 朱雪芹：《管理学原理》，清华大学出版社 2011 年版，第 3 页。

者，实现资源的合理有效配置，进而提高管理效率，达到管理目标"① 的"管理者"。

如前文所述，自近现代以来，造物活动的规模和复杂性不断提升，一项工程总是由决策、规划、设计、施工、运行等环节和过程所构成，而这其中每一个环节都会涉及具有不同管理知识的管理者，比如项目经理、工程监理、各级政府等都可以看作是"管理者"。需要注意的是，工程中的"管理者"并不必然指涉自然人，有时也可以指涉某一具有决策权的机构，如上海宝钢集团公司三期工程指挥部。各类管理者于工程活动而言，恰如李伯聪教授形象比喻的那样——是军队中的各级司令员。然而，鉴于本书议题的特殊性，笔者将主要探讨工程活动中与设计直接相关的一类管理者——"设计项目负责人"——对设计活动的形塑。

设计项目负责人，"又称设计总负责人，是工程设计的第一责任者，是工程设计的全权代表和最主要的角色。设计项目负责人对于工程设计的进度、质量、效益和服务等起着决定作用"②。

二　设计管理——基于有限理性的决策

工程管理的一项重要职能是进行决策，在这一点上，美国决策理论派大师、诺贝尔经济学奖获得者赫伯特·西蒙走得更远，他直接将管理等同于决策，提出了"管理就是决策"的观点。不过深谙数学分析的西蒙同时也指出，尽管管理者是"理性人"，但工程决策却都是基于有限理性实现的。这一点对于工程设计的管理者们，即设计项目负责人来说更是如此。

让我们来看一下为什么设计决策的制定是基于有限理性的。

首先，"工程设计面对的往往是一些'不良定义'（ill-de-

---

① 李伯聪等：《工程社会学导论：工程共同体研究》，浙江大学出版社 2010 年版，第 126 页。

② 刘建设：《工程设计软技术》，天津科技翻译出版公司 1994 年版，第 58 页。

fined）或具有‘不良结构’（ill - structured）的问题"①。事实上，如果是对过去人工存在物模型进行重新设计或说进行渐进式的工程创新，由于已经积累了一定的设计经验和失败的教训，同时有既定的设计方案和程序，"问题"相对来说比较容易得到满意的解；但是对于那些激进式创新或说突破式创新设计来说，由于设计面临太多的不确定性，而人类在收集和处理信息上的能力又是有限的，很难在既定时间和经济条件允许下获得完备充分的信息，再加上决策机制也会对管理者做决策造成一定的扰动，这样一来即使管理者希望单纯依靠工具理性来找到"问题"的"唯一解"几乎是不可能的，况且很多时候在这种情况下"问题"是什么都是不明朗的且充满争议的。比如美国第一次开展阿波罗登月计划时，飞船要设计成什么样子，需要具备哪些功能，会面对怎样的情境，参数如何设定才是可靠的等都是不确定的。或许恰如加拿大前 STS 主席 W. 凡登伯格教授所宣称的那样，充分理性只存在于数理逻辑的世界中，而真实的生活世界永远被各种非逻辑因素包围着，逻辑因素只是其中很小一部分，因此人类期望依靠理性、逻各斯来分析生活世界的一切只不过是工具理性带来的一种虚幻罢了。事实上，管理者的有限理性决策除了因为理性自身在生活世界遭遇的限度以外，管理者个人的情感、意志、偏好以及秉持的价值观等非理性因素也的确有意无意地对于设计决策起了很大的扰动，例如爱迪生当时创办的孟洛花园实验室可以说是全美最先进的电气实验室，但爱迪生公司所有的设计方案却都是由那些没有什么学历的经验技工来完成的，据美国技术史学家休斯的考证，爱迪生核心研发团队的成员中只有一人毕业于 MIT 数学系，其余都是有经验的技术工人，因为爱迪生本人坚信工程学的学生所掌握的都是已经过时的知识，而他推出的电力设计必须运用实践中最新的知识。再比如，随着全社会日渐提

---

① Simon Herbert，"The Structure of Ill - Structured Problem"，*Artificial Intelligence*，Vol. 4，No. 3 - 4，1973，pp. 181 - 201.

升的安全保障意识、环境保护意识以及低碳—节能理念，宝钢设计管理部门对《宝钢二期工程统一技术规定》进行了全面修订，补充编写了《消防篇》和《能源管理篇》从而形成了《宝钢三期工程工厂设计统一技术规定》。

其次，设计本身是一个"不充分决定"（under-determined）活动。也就是说，即便"问题"确定了，设计自身又包含了各种不确定性。这是因为，近代以来工程的规模变得越来越大，设计不再囿于某个个体技术，而通常表现为"系统"，即，需要做到各个个体技术之间功能的配合、工序的前后合理衔接，"流程系统"早期出现的原因之一就是为了有效克服个体技术的失灵，比如泰坦尼克号当时在船底共设计了16个水密隔舱以防止船体沉没，按照设计师的推想，即使其中任意两个隔舱进水，船体也能保证正常行驶，就算四个隔舱进水了，也至少可以保持漂浮状态；然而就像船体被从侧面撞击，导致隔舱最终几乎都进水了从而使这艘被称为"永不沉没"的泰坦尼克号在自己的处女航上就有去无返一样，"系统"组分之间互动的增强在防止个体技术失效的同时也带来了自身的隐患，那就是"系统"内部功能运行上或然性和不确定性陡增，当事故真的发生时，比如骇人听闻的福岛核泄漏，人们却很难精确地找到问题发生的直接原因。也就是说，设计的功能、产品内部的状态、外部的使用情境很难完全决定或者在设计过程中被精确预测。事实上，很多变量本身也很难单纯用数理分析的方式来量化确定，它们充其量只能根据设计师的经验用一些区间或提供一定误差范围来含糊地表达。

设计决策上的有限理性意味着同一个"问题"，由于信息采集和分析上的不同会出现很多种解，而每一种解也都有自身合理的地方和不足之处，"人们只能根据需求和目标，选择最满意的方案"[1]，

---

① 安维复：《工程决策：一个值得关注的哲学问题》，《自然辩证法研究》2007年第8期。

也就是说，有限理性决定了"工程设计中的问题求解具有非唯一性"[1]。

三 作为"协调者"的管理者

设计项目负责人在设计中一个主要作用是"协调"各方面的关系，主要体现为技术性协调和事务性协调。

对于技术性事物而言，首先，如布恰瑞利所言，"设计，像语言一样，是一个社会过程"，一项设计任务的参与者虽然都是为着完成同一个目标而合作的，但他们所受专业教育的不同使得他们似乎是来自不同的对象世界，而不同对象世界都有着自身内在的技术规格要求，这就不可避免地会导致在某些方面来自各个领域的工程师在彼此合作上会存在一些技术上的冲突，比如材料工程师提出的草图中的某些细节或许在电力工程师那里看来是不可实现的或至少在现有条件下实现起来有困难，此外，关于流程系统工序之间配合中的交界面要如何设定？参数值和阈值的确定有多少是为大家共同接受的？"这时必须需要协商和平衡来保证一致性"[2]。依然以宝钢三期工程为例，参加宝钢三期工程设计的各设计院都是全国一流的设计院，不过它们都分布在冶金、航运和电力等行业，各设计院不但有采用各行业标准的习惯，而且都有院内的设计规范、设计标准和设计技术规定，为了确保三期工程施工图设计的质量，确保三期工程的整体性、完整性和更能体现宝钢生产的一级管理模式，作为管理者的工程指挥部牵头制定并统一了一系列技术规定和设计基本原则。

对于事务性工作而言，设计项目负责人的协调工作又大体可以总结成对内、对外两种性质：对内负责解决设计过程中的配合问

---

[1] 李伯聪：《选择与建构》，科学出版社 2008 年版，第 244 页。

[2] Louis L. Bucciarelli, *Engineering Philosophy*, Netherlands：DUP Satellite, 2003, p. 9.

题，主持召开有关设计进度与技术的协调会议，随时处理设计过程中的各种矛盾，如不同参与主体之间的利益冲突，分工之间的冲突，人际之间的冲突等；对外则负责使设计人员与建设单位、主管部门以及施工单位之间进行有效沟通，保证设计可以在生产、施工环节顺利展开，避免人力、财力上由于返工造成的浪费。

第三节　工程师对工程设计的形塑

在论述之前有必要先做一点说明。必须承认，从表象上看，工程设计是各类工程师在设计室中运用计算机辅助工具通过大量计算和制图实现的，这似乎就不可避免地带来了以下两种常见的论调：第一，工程师是工程设计唯一的实践者；第二，工程设计是应用科学或应用技术。第一种论调的直接后果是一方面将投资者、管理者、工人、其他利益相关者等群体排除在设计甚至是整个工程活动的讨论视域之外，另一方面又将工程师的活动仅仅囿于设计室中的设计工作，这样一来"设计"便成了"工程"范畴下的唯一内容，从而导致了英语语境中"engineering"与"design"成为同义词。当然，关于这一论调的驳斥，笔者相信本节之前的所有章节（笔者将于本章最后一节探讨工人在生产现场所积累的技术 know – how 对工程设计会有哪些作用，并在第五章讨论"其他利益相关者"对工程师设计活动的影响）已经提供了详尽的论述，比如，设计需求是由投资者倡议的，政府则对某些有可能危及人类伦理、道德的设计（如克隆人）直接叫停等等，这样一来，工程师并不是工程设计唯一合法的实践者。第二种论调的直接后果是将"工程设计视为一种工具理性过程"[1]，关于这一点，布恰瑞利首先提出了异议，他仿照科学哲学家拉图尔的做法，以顾问工程师的身份分别

---

[1]　Louis. L. Bucciarelli, *Engineering Philosophy*, Netherlands：DUP Satellite, 2003, p. 12.

对三家公司三个设计项目进行了人类学深度参与式的考察，最终如同拉图尔得出——科学知识是社会建构出来的——结论一样，布恰瑞利也如出一辙地指出"设计，像语言一样，是一个社会过程"①。在这里，笔者并不否认布恰瑞利的结论具有部分的正确性，不过笔者以为，将用于考察文化的人类学方法用于对诸如科学、技术、工程这类与经验、文化断裂的高度专业化的活动，容易陷入一种表象主义从而使结论失真，无论是拉图尔还是布恰瑞利都花了很大的笔墨在书中渲染如下场景：约翰常常端着咖啡穿梭于办公间之内，汤姆又总是仗着自己是公司权威的工程师而对其他工程师的意见大声呵斥……当然这种修辞学上的考据或许对于我们理解科学知识的生产和工程设计的产生有一定的帮助，然而有一点却被忽视了，人类学家用这种田野调查方法考察文化之所以是有效的，是因为行为、对话本身蕴含着文化，与文化的发生是同时的，而在实验室这种环境中，工程师、科学家们的日常行为和其所受的专业教育并无太大的关联，即便会出现表面上地位高尚的科学家、工程师"倚老卖老"，他们也一定是有充分的工具理性依据，而不仅仅是如文化世界中那般只靠"地位""权威"就可以轻易取胜并压倒对方的，可以想象，无论一位专家地位是如何的高贵，他（她）也不能把"1+1"的结果说成是"非2"，但在考察民族文化时我们却发现，某个部落的酋长或封建皇帝完全可以凭自己意志颁布各种命令。鉴于此，笔者认为我们应该从工程师本身的设计活动和设计思维中看一下工程设计是否仅仅是一种工具理性过程。

一　工程设计的一般过程模型——工具理性的体现

自 17 世纪以降，客观知识逐渐成为造物的主要知识形态，工程师的设计活动的确表现出了很强的工具理性倾向，这是因为与较

① Louis L. Bucciarelli, *Engineering Philosophy*, Netherlands: DUP Satellite, 2003, p. 9.

为悠闲的旧时代相比，近代以后的设计过程对时间尺度有严苛的限制，而且还要求人工造物推入市场后马上"成功"运行，因为失败后所付出的人力、物力和经济代价较封建时代要大得多，而逻辑理性一个最大的长处就在于其"效率性"，因此近代之后的设计活动中大量运用了科学知识、技术知识和工程知识，而这也是导致一些学者就此提出"工程设计是应用科学、应用技术"的论调的原因。让我们先看一下这一论调合理之处。

无论是产品设计还是流程设计，一个设计方案从设想到发展成可据图操作的图纸总要做些事情，而且这些事情或多或少地是按照时间顺序实现的，因而总会形成一个适用于大部分设计的一般模式。正是这个原因，自 20 世纪 60 年代早期开始在德国、荷兰等国的工程教育中出现了关于工程设计过程的"共识模型"，如 VDI 模型，该模型旨在促进设计中的跨学科合作实践。

从时间维度上说，笔者认为，设计模型大致经历了三个阶段：第一，信息采集阶段。在这一阶段中，设计者们要尽可能全面地收集各种与设计任务相关的信息，比如宝钢工程在建设之初，工程师们不仅需要对即将建设的钢铁厂厂区范围内的主体工程和辅助设施进行充分调查，而且要弄清楚厂外的水源、通讯、厂外铁路、公路、市政、生活福利设施等与厂区直接配套的工程的一些基本情况；同时还需要对当时上海钢铁工业的整体用钢情况有一定的了解，厂址如何选择，选址地的地理情况如何，土质怎样，怎样安排工厂弃渣处理等。在这一阶段，设计师们要尽可能地设想有关问题的各个要素，同时避免受既定的模式的约束。第二，转换阶段。在这一阶段里工程师要运用所有的知识、经验、洞察力，利用第一阶段中收集到的全部资料思考可能达到期望结果的所有合理方案。第三，收敛阶段。在经过与各类同行协商后，设计师们努力将问题收敛到给定条件下可以实现的最好、最满意的解决方案，即，实现所谓的最优化过程。在这一阶段中，工程师们会利用各种计算机模拟工具或是试验来检验备选方案是否能够满足各种期望指标，同时进行设计复查以避免在施工和使用过程出现各种潜在问题。

如果用图解对设计结构进行描述的话，两位印度设计师维杰伊·格普泰和 P. N. 默赛提出了一个比较清晰易懂的模型[①]，如下页图 4.1 所示。

按照这一模型，我们不难看出"工程"和"技术"的区别，工程设计中更关注的是"问题"的解决，而非寻求技术或工程上的"创新"，"工程师们一旦遇到某个技术上的难题，总是会从曾经的技术成就中寻求答案，而几乎很少去重新发现一种过程，或是发明一件工具、一个硬件什么的"[②]。此外，笔者还需要指出一点，上述这一垂直结构仅仅代表了一种大致时间上的前后相续，事实上由于信息上的暂时不完备，实际上从概念设计到细节设计的整个设计过程在每一步都可能向前一步或前几步不停地反复，而不是必然进行到下一步。这种不断反复其实就是"反馈"，由于在每一步上设计师都必须做出决策，而按照我们上一节的分析，设计决策大部分是有限理性的，这也就意味着设计师必须立即作出属于这一阶段的决策所需要的附加信息（如产品潜在有哪些风险或工序交界面有可能出现哪些问题）通常只有在更晚的阶段才会出现，"反复"策略可以使工程师们暂时根据统计原理先做出初步决策，使设计活动朝着可以得到这种附加信息的下一阶段进行，当得到这些信息后再用它来改进和修改最初的决策。不过由于附加信息的获得是基于有限理性下做出的决策，这样就意味着当时的决策也可能是错误的，那么由之而来的附加信息可能并不能带来太多的有效信息，为了保证信息的准确性从而为设计过渡到下一步提供更为完备的决策信息，可能需要多次重复这种反馈过程。大致的反馈过程可以如图 4.2 所示（即，初步设计或者概念设计以可搜集和利用的信息为基

---

① ［印］维杰伊·格普泰、P. N. 默赛：《工程设计方法引论》，魏发辰译，国防工业出版社 1987 年版，第 33 页。

② Willem H. Vanderburg, *Living in the Labyrinth of Technology*, Toronto: University of Toronto Press, 2005, p. 230.

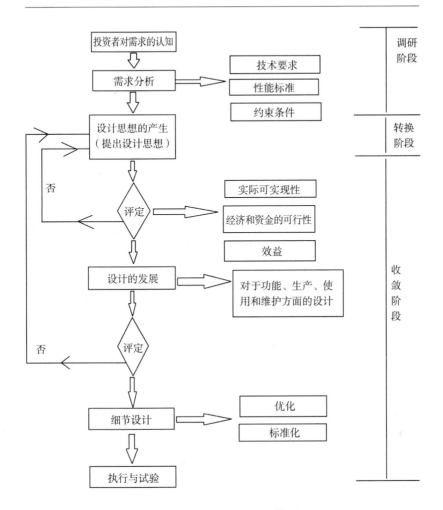

图 4.1　工程设计的一般模型

资料来源：根据维杰伊·格普泰和 P. N. 默赛提出的工程设计一般模型图数据整理而得

础，随着信息的增加而不断改进最终收敛为最后的设计）。

如 W. 凡登伯格教授所说的那样，这只是一个一般的设计模型，具体到每个公司的设计情况，它们总会有自身的设计惯例，比如偏好使用的材料、结构、功能等，然而由于他们都同时使用了如工程、科学、技术那类的客观知识，因此最终设计结果的差异只有量上的不同，而没有质上的典型差别，这与农耕文明和封建文明时

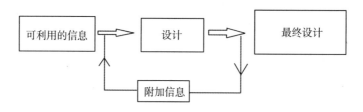

图 4.2　工程设计的反馈模型

资料来源：作者整理所得

代铭刻着个体痕迹的经验性设计还是非常不同的。

　　无论是上述印度学者倡议的设计一般模型，还是欧洲学者如 Phal 和 Beitz 提出的设计过程模型，都是一系列抽象、明晰的理性分析过程，关注设计方法的使用，聚焦于产品、流程系统本身，其中几乎看不到任何非理性思维的痕迹，甚至连"人"的痕迹也看不到，这似乎恰好印证了"工程设计是一种纯粹的工具理性过程"的论断，然而事实是否真的是这样呢？让我们再来还原一下被这些模型所遮蔽了的工程设计实践中的一些事情。

二　工程师的经验在设计中的作用——一个话语模型

　　本书此处的经验（working experience）是一种比较模糊笼统的称呼，它指的是所有"不可言说的""不可编码的""意会性的"、具有鲜明"个体性"的知识，与正统知识论意义上的"客观知识"有很大的不同。

　　在具体的现实实践中，经验对于工程师的意义似乎不必多言，然而目前在理论上关于"经验"究竟为何对于工程造物是重要的，却尚未有一份完整的研究，这其中一个重要原因在于经验的"非理性"品格。相比于那些具有极强理性特质的事物来说，比如设计某个废钢打包剪切处理设施，由于对其可以进行定量式的分析，因而比较容易引起研究者们的研究兴趣，而如关于"经验"之类的"非理性"特质的探讨，却使学者们很难找到一个令彼此信服的方式来证明它的存在，更不用说对其进行理论研究了。笔者意欲在本节中借用英国谢菲尔德大学著名设计学学者彼得·李罗德（Peter Lloyd）和彼得·斯科特（Peter Scott）的话语模型对经验在设计中的存在及其重要性进行论证。

（一）经验在设计中存在的合法性依据

经验广泛存在于设计中，CAD 中使用的工程相似度分析事实上就是对过往工程经验的一种模拟理性化，计算机会将有价值的设计自动收录进来，将工程设计拆分成若干易解对象进行二阶段计算，然后将待设计的工程与现有案例经验进行相似度分析，从而帮助参数值的设定等。经验对于理性的工程设计为何如此重要？笔者认为主要源于两点：第一，工程知识本身是有局限性的，"工程师或许不知道一些事，或者直接说工程师在一些事上根本不知情，关于这一点已经被接受为普遍的事实"①。工程思维的"可错性"特征其实是对工程知识有限性的一种确认。然而，尽管工程知识是有限的，可错的，但工程事故却并不是频频发生，这其中一个重要原因在于工程师经验对这种"可计算的"客观知识的有效补充；第二，人工存在物设计情境的不确定性。如前文所述，特别是对于那些创新型设计来说，由于没有可借鉴的范例，而人类在实现信息搜集和分析上又是有限度的，所有的设计都会面临诸多不确定性并存在很多争议，而设计师个人的设计"经验"在解决这些问题上都发挥了关键作用。

（二）经验在设计中的分析——一个话语模型

彼得·李罗德和彼得·斯科特希望能够找到一种逻辑上令人信服的方式为工程师的"经验"在设计中发挥的作用做一分析。他们选取了五位男性设计师，这五位设计师从业时间从三年到十年以上不等，这也就意味着他们在该领域掌握的"经验"也不同。五人的自然情况如下表4.1 所示：

---

① Louis L. Bucciarelli, *Engineering Philosophy*, Netherlands：DUP Satellite, 2003, p. 23.

表 4.1　　　　　　　五位男性设计师的自然情况

	年龄	受教育程度	从业时间（年）	是否遇到过类似的设计问题？
No. a	27	大学	3	没有
No. b	28	大学	3	有
No. c	30	大学	5	没有
No. d	34	学徒	8	没有
No. e	36	学徒	11	有

　　李罗德和斯科特要求这五位设计师每个人分别设计一台印花机，在设计任务的完成过程中，这五个人要把自己的每一点滴的想法都用语言来表达，然后李罗德和斯科特对他们的语言进行编码、分类，通过对这些语言的分析来获得一份个体设计过程中经验的作用的材料。

　　该研究共设置了三个指标参数作为话语编码的标准：生成性话语（generative utterances，简称为 GU）、演绎性话语（deductive utterances，简称为 DU）和评价性话语（evaluative utterances，简称为 EU）。GU 指的是这样一些话语："我将把洗衣机放在这里"，"把那个木头打磨成一个书桌"，"把洗碗池放在窗户前"。GU 意味着为当前的设计问题带来了至少是部分的解决方案或者说将不同的解决方案并置在一起从而推进问题的解决。DU 指的是这样一些话语："这间屋子多大？""这扇窗户能产生什么样的光？""这非常绝缘，所以是不会产生热损耗的。"DU 意味着对问题具体有哪些需求有了一定的了解，在一定程度上它可以使问题变得更加清楚，DU 既可以包括对某一点进行简单的阐述和澄清，也包括把某些没有在性能要求中明确体现出来的需求指出来，DU 事实上是对问题进行的思考和再现。EU 指的是这样一些问题："我喜欢这个"，"这看起来有点可笑"，"我先完成这半个，再完成剩下半个""我先把我认为需要的所有东西列个单子，然后再开始工作"。EU 事实上就是一些普遍性的评价，它既可以发生在表达意图和策略的话语中，也可以发生在主观性反思的话语中，很多时候，EU 反映出的是个体根据经验和偏好所做的一些元意识评价。

设计结束时，李罗德和李斯特依次形成了如下五幅图和解释①，如图 4.3 所示。

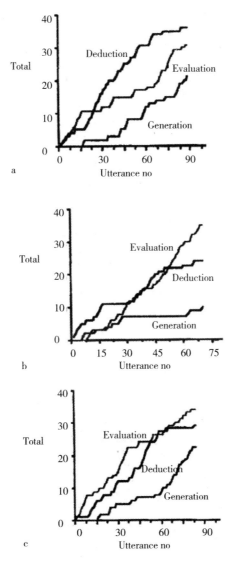

① Peter Lloyd and Peter Scott, "Discovering the Design Problem", *Design Studies*, Vol. 15, No. 2, 1994, p. 132.

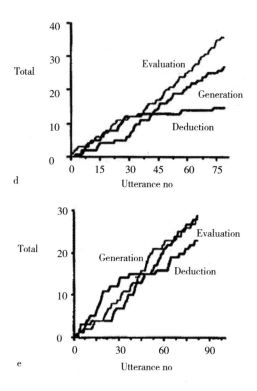

图 4.3 设计中的话语模型

资料来源：李罗德和李斯特的话语模型图示

通过这五个图的对比可以发现：

No. a 设计者的设计过程主导曲线是"演绎性话语"（DU），而且是在刚一开始的时候就表现出来，一直到最终结束都是这样。"生成性话语"（GU）是后来出现的，而且在整幅图中都并不明显。

No. b 设计者设计过程的最初主导曲线也是"演绎性话语"（DU），不过后来被"评价性话语"（EU）超过，但整个过程中"生成性话语"（GU）都远远落后，而且也是后来才出现的。

No. c 设计者设计过程的主导曲线变成了"评价性话语"（EU），不过跟前两位设计者一样，"演绎性话语"（DU）逐渐在后来增强，而"生成性话语"（GU）是后来出现的，并且一直处于底端。

No. d 和 No. e 两位设计师设计过程曲线和较前三位相比，呈现出很多一致性，他们的曲线走势也很相近。设计开始时，No. d 设计师显然同时使用了三种模式，不过在中途的时候，"演绎性话语"（DU）下降了，只剩下"评价性话语"（EU）和"生成性话语"（GU）。这也是第一次"演绎性话语"（DU）出现的次数低于"生成性话语"（GU）。

No. e 设计师的设计过程"生成性话语"（GU）也是主导曲线，在整个过程中三条曲线都是以渐增的形式彼此相依出现，即使在最后，也没有一条曲线回落。

由此可以总结，至少从表面上看，随着设计师经验从 No. a 到 No. e 的递增，"生成性话语"（GU）变成了主导，而"演绎性话语"（DU）则变得没有那么重要，而且 No. d 和 No. e 的设计趋势展现出了前三位设计者没有的一致性，说明了设计过程是依赖于经验的。可以说，设计师经验越多，使用的"生成性话语"频率越高，而越少使用"演绎性"的逻辑话语，这也至少说明了设计并不是单纯的工具理性过程，经验在其中发挥了很重要的作用。

三 技术—工程功能层级论对工程设计失效的解释

时至今日，各类设计方法、理论层出不穷，计算机辅助设计也变得越来越精准，同时人类切身的设计经验也在不停地增长，那么为何人工存在物在现实的生活境遇中还是会频频出现各种失效呢？比如，三峡工程虽然有效解决了西南地区的用电问题，却给某些局部的生态环境带来了严重危害，比如各种关于物种灭绝的报道不绝于耳，以至于三峡工程的利弊之争直到今天还在继续；再比如，1965 年纽约州发生的大规模停电事故，宾州中央铁路的瘫痪等事件依旧在技术发达的国家频繁上演。事实上，如果仅仅从方案的设计上来看的话，三峡工程也好，纽约州的电力网络搭建也好，本都是精良、无误的，而且在投入使用之前都经过精密的计算和多次实地测试，那么为何依然会有失效（failure）或者说意料之外的后果（unintended consequences）发生呢？而且通常还带来了意想不到的甚至是灾难性结局？笔者认为这与技术—工程功能发挥的层级（level）有很大的关系。

工程可以通过体现出来的功能将某一人类意图与某一特定结果联系到一起，不过这里我们却需要对技术—工程的功能有一个分类学上的认识。笔者举例来说明这一点。当人们做决策时，他们总是倾向于达致其决策指向的目标，而人工存在物总是能够给予人们更好的机会实现这一点（至少比不使用该人工存在物要强很多），也就是说在个体使用层面上（即 Level I），人工存在物是意志的促进者。比如某人要从 A 地到 B 地旅行，他（她）可能会选择自驾游，也可能会选择乘坐飞机或其他交通工具，但无论哪种方案只要该人工存在物运行良好，都是可靠的。但是必须注意的是，这里每一个可供选择的人工存在物其实都是更复杂的系统（Level II）中的一个组成部分，而这个更复杂的系统与该人工存在物功能是否能够有效发挥有着隐含的直接关系。假设此人选择了飞机，貌似只要选定了航班，他（她）就可以准确地实现从 A 地到 B 地，然而众所周知，"交通系统在很多时候都是非理性和功能失灵的代名词"[①]，比如它的安检过程非常低效，而且经常出现航班延迟现象等等，那么在这种情形下此人是否还能如期达到自己的目标呢？在这里我们遭遇的是一个工程原理上看非常有效的、能够满足需求的人工存在物，由于嵌入在一个更大的系统网络中运作，而这个更大的系统网络通常都是一个复杂的社会—工程系统，这里面有着无数的不可预测的复杂因素，于是该人工存在物功能的发挥总是不可避免受到这些因素直接、间接的影响。

每一个人工存在物其实都内在地包含了两个独立的实在："局

---

① B. Allenby and D. Sarewitz, *The Techno - Human Condition*, Massachusetts: MIT Press, 2011, p. 37.

部精确性"和"整体不确定性"。当人工存在物在被设计时之所以呈现出极大的可靠性，是因为在实验室的环境中，应用理性（applied reason）是最高法则，社会、政治、文化等非技术因子则是完全缺席的，因此事实上这是一个因果地带，因为这里的每一对关系都有清晰的指向性、而且是确定和可量化的。无论是工程师还是科学家，他们总是通过将自然现象还原为一系列理想的普世关系，然后对这些现象发生的环境加以控制，从而从自然法则中剥离出实际效用。不过当他们再次用这些自然法则重新建构世界的时候，他们所创造的却是一个充满着一致性和不变性、可以描述和预测的理想化世界。然而，这个理想世界在现实生活中却是不存在的。这也就是说，当一种新的过程或是产品从实验室中走出来的时候，它必然要经历了一种深刻的转变——从一种理想孤立的概念或是客体转变成复杂的互动社会体系下的动态组分。因为此时它真实的运行环境是更高层级的技术—社会系统。在这个层级，由于各种非技术因子的加入，打破了前一层级那种与经验隔绝、高度理想化的特质（即相当于将边界清晰的技术问题又还原成了复杂模糊的社会问题），当然人工存在物本身还是确切、精良的，但不确定性、或然性却由于技术元素与非技术元素的互动突增，可靠性降低，这个时候人工存在物会遇到怎样的情况是无法提前预知的，更谈不上解释了。可以说，随着系统组分的增多、系统边界的模糊、系统组分间互动的扩大，人工存在物的稳定性下降，甚至有时候还会出现一些意想不到的后果，即出现功能失效，而人类对于这些后果充其量只能持有一种后见之明罢了。

第四节　工人的 know - how 对工程设计的形塑

一　工人的作用在造物活动中的隐遁

尽管工人是"工程活动（生产活动）和工程共同体中的一个

绝不可缺少的基本组成部分"①，而且确切地说，是比工程师还要更为切身接触技术的一群人，但是工人在造物活动中的作用却经常被忽视，被认为只是设计方案的被动执行者，充其量对于设计活动提供一些微小的、局部的反馈意见。笔者认为，之所以导致这一情形，与20世纪初期泰勒主义的滥觞有很大的关系。

科学管理或说泰勒主义诞生以前，工人，尤其是经验丰富（skilled）的工人在生产中的地位是非常高的，因为那时候工厂实行"计件"制，效率的提高主要依靠熟练的机械操控手的工作；然而到了20世纪，一方面工业工程学的成果使生产实现了机械化，技术变迁成为常态；另一方面泰勒主义的科学管理使劳动过程去技能化（de - skill），工作流程表现出程式化（routinization）的特征，"劳动退化为工作"②，无论是谁，只要接受简单培训都可以上手，对技能（除熟练度以外）几乎没有任何要求，于是过去经验丰富的工人成了泰勒口中的"无技能（unskilled）工人"，是一群"受过培训的猩猩"③，对生产没有任何控制权，也起不到任何作用，只是生产任务被动的执行者，而且随时可以被替代，这样一来工人群体本身也就丧失了理论研究的价值。泰勒之后，有些学者甚至提出所谓的"无技能（unskilled）工人"还应该包括蓝领工人以外的一部分从事低级工作的白领办事员。

事实上，从17世纪工程师逐渐从工匠中脱离出来从而形成了工程师与工人的分工至今，关于工人的研究除了在马克思主义经典作家那里有过一定程度的探讨外，基本是游离在学术领域的边缘地带的。然而"工人"真的只是"沉默的大多数"吗？他们的实际

---

① 李伯聪：《工程共同体中的工人——"工程共同体"研究之一》，《自然辩证法研究》2005年第2期。

② Ken C. Kusterer, *Know - How on the Job: The Important Working Knowledge of "Unskilled" Workers*, Boulder: Westview Press, 1978, p. 18.

③ ［美］泰勒：《科学管理原理》，马风才译，机械工业出版社2007年版，第24页。

生产过程真的对设计师的工作没有一点启示吗？美国技术论学者 K. C. 库斯特（Ken C. Kusterer）通过对工人工作现场田野调查式的考察得出了与我们既定常识相左的结论，他提出，即使在技能被弱化了的情况下，所谓无技能工人（下文简称"工人"）对于一项工作的顺利完成也并不是无足轻重的，而是有着重要的作用，因为他们还具有"工作 know – how"（简称 know – how）。

二　工人的"know – how"释义与分类

（一）什么是"know – how"及其特征

对于 know – how 很难有严格的语义学上的定义，因为它指的是一种"直觉认知"和"体悟"，汉语中根据它的内涵一般意译为"技能"（这里有一点需要澄清的是，"skill"在汉语也译为"技能"，但是笔者认为"skill"和"know – how"的差别是前者是包含了部分明言的知识，后者则完全是隐言的），不过笔者认为这样的翻译事实上是缩小了 know – how 的指向性，造成了一部分信息的流失和混淆，因此在文中沿用英文。

对于泰勒主义之后，无论是学术界还是生产实践中盛行的——由于生产过程与技能分离，工人只是工作被动的执行者和操作者，除此之外没有任何作用——这一取向，K. C. 库斯特分别选取了一个纸杯生产厂和一家银行支行（因为这两个场所用到的都是"无技能工人"）作为对象，对在其中工作的工人进行了细致的田野调查。库斯特通过观察和访谈发现一项工作根本不可能只靠单纯的体力劳动和单一的技术知识就可以完成，而是要用到很多"工作知识（working knowledge）"，在库斯特那里，工作知识是一个分析性兼描述性的概念，指的是工人处理工作用到的一切技术的、道德的、组织的、结构的等诸多知识的综合。通过引入工作知识这一概念，库斯特驳斥了所谓的"无技能工作（unskilled work）"的说法，指出这类东西是不存在的，手/脑区分在真正的工作环境中只是表面现象。凡登伯格教授在论述当代科学、技术这类完全与经验和文化脱离的知识时，也指出还存在一类与经验和文化相关的知识，即蓝领工人以及低层次的白领办事员通过中学时获得的那些知识，"有关于工作中用到的材料的知识，有关于操作的机器的知识，还有关于工作于其中的组织结构的知识"①，这些知识对工作的最终完成都有着不可抹杀的作用。尽管这类知识与工程师们掌握的工程技术知识是完全不同的，不过凡登伯格教授还是将二者置于平行的位置上，并赋予前者以认识论意义，直接称其为"技术知识"（technical knowledge）。

根据上述描述，可以说，无论是库斯特笔下的"工作知识"还是凡登伯格笔下的"技术知识"，指的都是工人在长期工作中形成的、用以应对工作的一些技术的或非技术的直觉体悟，是跟经验密切相关的一类知识，具有鲜明的个体性、地域性，与科学家们掌握的那种同经验和文化隔绝、普遍性的"纯粹知识"是不同的。然而，一般而言，在认识论中只有逻辑的、理性的并且可以明言的陈述才有资格被称为知识，像科学知识；至于那些非理性、经验的、隐言的体悟大都被当成神秘主义而遭到拒斥。因此本节为防止引起认识论上关于"知识"一词的争端，将库斯特的"工作知识"或者是凡登伯格的"技术知识"统称为"know – how"，以与认识论的传统相符，并从名称上标示这种认识具有的经验性。

（二）"know – how"的内容分类

鉴于"know – how"表现出的高度经验性，很难找到严格的理性标准在不同的内容之间作出截然的区分，因此笔者只能采取一种描述性的方式大致根据不同的"know – how"与技术的相关性将其分为：技术性 know – how 和非技术性 know – how。当然即使是技术性 know – how 也是与经验相关的。

技术性 know – how 主要包括这样两种情形：

①　Willem H. Vanderburg, *Living in the Labyrinth of Technology*, Toronto：University of Toronto Press, 2005, p. 225.

第一，随着经验积累越来越多，操作员们慢慢形成一种感觉，能够感觉出某个产品是否正确，尤其善于在大批量产品检查时一眼发现问题，而且还知道当什么问题出现时应该采取哪些相应的措施，避免了不合格产品流向市场，提升了客户满意度，降低了产品返修率。不仅如此，长时间与机器的切身接触，还使工人能够通过嗅觉、听觉、触觉上的异同判断机器本身是否运行良好，如果出了问题，有可能是哪些问题。比如锅炉工会根据火焰的颜色判断锅炉的运转情况等。

第二，设计上的误差总会使某些机器表现出特有的毛病，操作员长时间的工作后就会了解这一切，他们会擅自对机器做一些微小的改动，比如用钳子调节一下喷嘴以降低空气吸入率，设计个小工具检测会出现轴心差的仪器等。

技术性 know-how 与古代工匠的技艺在很大程度上是相似的，蕴含着丰富的经验性和个体体悟，不过由于当代工作的片段化，工人的技术性 know-how 只针对工作流程的一部分有效，而传统工匠的 know-how 面向的是整个劳动情境，甚至整个社会文化情境，每一件物品都打上个体的烙印。

非技术性 know-how 指的是除上述与技术相关的 know-how 之外的 know-how，工人在工作中涉及到一切道德的、文化的、组织的、结构的等等诸多资源，这些资源尽管对于技术问题的解决是次要的，但是对于企业的日常运行以及产品最终以怎样的品质面向市场却有很大的作用。

通过对工作场所的观察和访谈，库斯特发现工人通过非正式的沟通网络会获得一种辅助性的工作知识[1]，即非技术性 know-how。如工作上一段时间，工人们从元意识层面就知道了在什么时候、出了什么问题可以向谁求助才能保证顺利完成任务；再比如如果某位

---

① Ken. C. Kusterer, *Know-How on the Job: The Important Working Knowledge of "Un-skilled" Workers*, Boulder: Westview Press, 1978, p. 25.

口碑好的操作员在机器经常积聚灰尘的地方安装个排风罩的话，会被认为是富有创新精神，有助于减少不必要的故障出现，可是如果该操作员声誉很差，大家就会觉得他安装排风罩的原因是懒得清洗机器零件，这样很可能一项本是节省人力、物力的小发明被要求拿掉，反而增加了故障出现的频率；另外，通常工人们花费在维系日常合作模式上的精力要比花费在确保某个部门正常运转上的精力多，因为创造一个愉快的工作氛围会让工人感觉自己很重要，感觉自己被人欣赏，尤其是在那些提升无望的职业中，而且有时候面对工作条件和生存条件上的变迁，工人们还得依靠彼此组织一些抗争以保护自身的权益。工人们在库斯特的采访中将与所有人相处融洽作为自己最重要的目标。

笔者以为，确切地说，非技术性 know - how 其实是工人们在企业中形成的一种车间文化和非正式组织，尽管它们与理性化的管理学理论格格不入，但是工人本身的工作伦理、个体成就感等的确对工作的完成具有重要的作用。在这一点上，梅奥的霍桑试验以及此后的行为主义研究都提供了有力的证据。

工作 know - how 揭示出的是，一项工作的完成远远不是只用理性的技术方法、管理学知识、各种规则、条例、材料、设备就可以完成的，这是"管理者不切实际的幻想"[1]，事实上这一过程要涉及很多与经验和文化有关的东西，如伦理、道德、功能、直觉、情感等因素，而这些都是由工人提供的，也构成了工人日常活动的真正内容，由此工人活动的黑箱被打开了，真实的生产过程得到了还原：车间关系并不是刻板的"程式化"，而是充满了复杂性、动态性和各种矛盾对抗。

三　工人 know - how 的合法性论证

目前关于 know - how 这方面的研究并不是非常多，因为受实

---

① http://crs.sagepub.com/cgi/pdf_ extract/11/3/102

证主义的影响，无论是技术性 know – how 还是非技术性 know – how，由于其浓厚的经验色彩，"工程师、管理者们大都不愿意承认它们的存在"①，更不愿意从认识论上认可它们的地位，充其量将它们看作"不合法的技能"②，"这种反映其实说明这些人根本没有意识到自己的知识也是有局限性的"③。事实上，工作 know – how 从理论到实践都具有自身的合法性。

（一）工人 know – how 的理论合法性与特征

尽管由于大脑组织功能的极端复杂性，脑神经科学关于这方面展开的研究在深度和广度上始终还很有限，但哲学领域自波兰尼的《个人知识》一书开始，传统上那种以主客观相分离为基础的知识观受到了冲击，人们开始关注"强调知识是客观性与个人性的结合，包含一种默会成分"④，从而为 know – how 赋予了一定意义上的认识论含蕴。波兰尼的名言是："我们所知道的，总是比我们所说出来的多。"目前，理论界关于 know – how 在认识论上如何形成以及具有何种特征这两个问题上已经取得了一定的共识：一般认为，know – how 是通过身临其境的模仿、面对面接触以及深刻的生命互动形成的，是身体深度参与的结果；也是外界事物对身体的影响透过各种媒介的形式融入研究者大脑思维组织中形塑其身心状态，达致一种内化，并形成一种元意识知识的结果。相比于许多学科能够构建起的一套明确的规则和方法来说，know – how 更多表现出一种内隐性、不可言传性和非规则性。鉴于 know – how 与身体和经验的契合表现出的完整性，有学者甚至指出那些所谓的客观知识由于其具有的可操作性和量化特征反而扭曲了对象的整体性和脉

①　Willem H. Vanderburg, *Living in the Labyrinth of Technology*, Toronto：University of Toronto Press, 2005, p. 190.

②　Ken. C. Kusterer, *Know – How on the Job：The Important Working Knowledge of "Un-skilled" Workers*, Boulder：Westview Press, 1978, p. 120.

③　Willem H. Vanderburg, *Living in the Labyrinth of Technology*, Toronto：University of Toronto Press, 2005, p. 190.

④　郑兰琴、黄荣怀：《隐性知识论》，湖南师范大学出版社 2007 年版，第 102 页。

络感。

可以说，虽然出于 know - how 本身的模糊性以及受工人群体较低的教育程度所限，工人或许无法像工程师、管理者那样系统有序地言明应用自己的工作 know - how，但并不能否认这种知识在理论上的合理性和合法性。

（二）工人 know - how 对设计的修正：理想化的设计在现实世界中的境遇

毋庸置疑，科学家们总是在设定的边界环境下思考和处理问题，他们一边将物质材料除数学以外的其他特征剔除掉，另一边又同时割断这些物质材料与周遭世界的联系，把它们抽象为一个单纯的连续系统，对于这个连续系统而言，它不仅具有各种理想化的属性，而且各个属性在空间中还是均一分布，只是现实世界并不存在这样的物质或连续系统。不仅如此，原始设计总是根据一些预先确定的假设建立起来的，比如灰尘度与机器润滑度之间有怎样的关联，温度、湿度随季节怎样发生变化，机器的其他变量对温度、湿度又有怎样的影响等等，这些都是预先计算好的。然而，到了生产层次，机器都要以实实在在的物质为载体、在真实的环境中运转，这时候材料规格尺寸会有偏差，环境变化也可能超出设计值域的范围，于是机器实际怎样运行（真实物质）和根据设计说明应该怎样运行（数学抽象）之间经常会存在一道鸿沟。当然笔者并不认为这样的鸿沟会引起什么原则上的大问题，但毕竟工程绘图和设计说明构成的是一个理想而抽象的世界，工人们作业的车间则是一个现实的世界，这两个世界完全不同，两个世界的交界面总会有一些问题，这时候就需要工人们学会如何对这些问题进行处理。通过观察总结原材料的各种变化与机器运转之间的联系，所谓的无技能工人久而久之就知道了当什么问题出现时应该采取哪些相应措施。此外，工作应该怎样完成和事实上是怎样完成之间也有一道鸿沟。因为前者是由各种抽象的组织图、职位描述等来表示的，勾勒出的是完成工作的一种最为优化的方式，而现实生活中由于种种原因总是会与理想中的要求不符，比如有些固执己见的工人听不进任何人的意见，一意孤行，或者管理者过于苛刻引起了工人的不满，工人会故意犯些小错误愚弄管理者等。这个重要鸿沟的填补就是非技术性know - how 发挥作用的领地了。

从这个意义上看来，既不存在"无技能"工作这回事，"程式化"的工作也不会将工人的工作 know - how 消灭到只剩下单纯的体力劳动，工人之所以被冠以"无技能"的头衔只是因为社会站在了那些与经验隔绝的理性知识角度之上得出的结论，"无技能的标签会让人们低估这类工作实际中究竟会用到多少知识"①。"不论管理者怎样努力，工人都绝对不会变成泰勒所谓的'受过培训的猩猩'"。正如公共知识分子葛兰西认为的那样，所有人都是知识分子，在任何一项人类活动中，即使最低级、最程式化的体力劳动，也存在着一些无法还原的创造性参与。

不过在这里，笔者要说明一点，长时间的车间经验让工人具备的那些工作 know - how 与工程师们掌握的知识始终是不同的，而且也永远无法累积成工程师拥有的那种知识；同时，工程师通过学校教科书习得的那些知识也永远不会等同于工人的工作 know - how，这两者来自于不同的经验结构。某位工人可能仅凭目测就可以推断一个产品是否合格，并可以就其中的小问题自行调整，但如果这样的问题反复出现，就必须要工程师复查设计说明和工程绘图来解决。也就是说，这两种知识（权且称 know - how 为知识）各有千秋，如果联合起来对于工作是大有裨益的，日本的精益生产模式就是这方面一个成功的例子。

四　工人 know - how 对异化现象的克服

本节希望阐释清楚的一个主题是——工人 know - how 对工程

---

① Ken. C. Kusterer., *Know - How on the Job: The Important Working Knowledge of "Unskilled" Workers*, Boulder: Westview Press, 1978, p. 120.

师的设计和实际生产都有着非常积极的作用；事实上除此之外，工作 know – how 还有一个更为重要的作用——对异化的克服。

控制缺乏是"异化"产生的罪魁祸首。工厂施行机械化并应用泰勒主义科学管理原则控制生产以后，去技能化将工人对劳动和生产的控制权剥夺了，工人出卖的和资本购买的，不是约定多少数量的劳动，而是在一个约定时间段内对劳动的统治权。然而习得并掌握 know – how 的过程却又将对工作环境的控制权部分重新交还到工人手中，因为只有工人们才具备安排、协调哪怕是最为程式化的那些工作所必需的具体知识，这就使他们能够在一定程度上反抗工作中一些异化的方面。非技术性 know – how 在这方面起到的作用尤其大，比如轻松的车间氛围非常有助于缓解工作带来的压力；而技术性 know – how 则通常会让工人心生自豪感和荣誉感，比如当某个工人想出一个小诀窍用以克服机器出现的小故障时，会有一种战胜机器的感觉。事实上，异化本质上是一场关乎权力的争夺，权力丧失就会产生异化问题，而工作 know – how 可以平衡工人在去技能化过程中丧失权力带来的挫败感，缓解紧张压抑的车间关系。

五　工人 know – how 在信息时代的境遇

如果说机械化时代无技能工作、无技能工人其实都是不存在的，只不过是被理性的光辉遮蔽了的话，那么随着信息化取代机械系统成为主要操作手段的时候，工人开始"置身于可视的屏幕和触摸键盘组成的世界中对信息的流动进行控制"[1]，一方面身体与生产经验完全分离，"工作变成了对符号的控制"[2]，另一方面人与人之间相互隔离，工人们之间相互学习和成长的机会越来越少，于

---

① Carl Mitcham, *Thinking through Technology: The Path between Engineering and Philosophy*, Chicago: The University of Chicago, 1994, p. 252.

② Shoshana Zuboff, *In the Age of the Smart Machine: The Future of Work and Power*, New York: Basic Books, 1988, p. 23.

是 know – how 形成的物质和经验基础逐渐消失了，异化的力量远远超过反抗异化的力量，工人成了名副其实的"无技能"，工作也真的不需要"技能"的存在。值得一提的是，受信息化普及影响的还有中高层管理人员和专家级工程师，在这些群体中也引发了同样"无技能"的问题。从传统工匠到近代手工业工厂，再到机械化生产以及现在正在兴起的信息化生产，技术的每一次变迁都使人的技能弱化，伴随而来的便是人性在技术时代的缺位，面对技术呈现出的各种可能性，人类主体如何在现代性的十字路口上做出选择？笔者以为，这似乎有必要成为我们日后在工程哲学领域拓展的一个方向。

第五章　关注工程共同体中隐性操作子对工程设计的形塑

除了上一章中讨论的"投资者""管理者""工程师"和"工人"这四个社会身份相对比较清晰和固定、分工也相对明确的显性操作子以直接或间接的方式形塑着工程设计活动外，工程共同体中还有一类操作子——其他利益相关者——也影响着工程师的设计活动。"利益相关者"的概念起源于西方 20 世纪 60 年代管理学领域兴起的"新公民参与运动"（new public involvement），这股思潮波及 STS 研究领域，STS 学者们相继发起了"公众理解科学""公众理解技术"和"公众理解工程"的运动，关注除工程师外的"其他利益群体"对工程设计的影响正是在"公众理解工程"的导向下展开的。这一时期西方学者如技术的社会建构论（SCOT）学派代表人物平齐、比克提出了"相关社会群体"（relevant social groups）的概念，该概念与中国工程哲学学者提出的"利益相关者"有很大的相似之处，也就是说，在关于工程设计并不仅仅是关乎工程师这一群体的议题上，东西方学者是存在共识的。

然而作为操作子的"利益相关者"存在——成员类型上有着复杂的异质性（"政府及其有关职能部门""工程用户""工程项目建设区域的居民""新闻媒体""社团组织""社会公众"和NGO 组织等①都可以被视为"利益相关者"）、成员构成上有着极

---

① 李伯聪等：《工程社会学导论：工程共同体研究》，浙江大学出版社 2010 年版，第 154—159 页。

大的不稳定性和分散性（例如不同的工程项目涉及的"其他利益相关者"有着很大的不同）、成员之间在利益诉求上经常出现冲突和分歧、成员缺乏必备的专业工程、技术知识结构等——特征，关于它们与工程设计（尤其是产品设计）、工程其他环节，甚至整个工程存在物之间有着怎样关系的讨论并不多见，这样一来这个操作子的作用似乎被隐蔽起来，那么造成"其他利益相关者"在工程设计中"缺席"的原因是什么？如何恢复它们的"在场"身份？这样做对工程设计的发展和工程哲学的研究会带来怎样的益处？笔者希望能在本章对上述问题做一尝试性的回答。

第一节 恢复"其他利益相关者""在场"的必要性

如上文所述，"其他利益相关者"是一个模糊的概念，由于"工程活动是人类社会存在和发展的物质基础"[1]，也就是说，所有的机构、团体和人群都有机会在某一项造物活动中成为"其他利益相关者"而要求话语权，那么如何识别并确定"其他利益相关者"呢？

一 确定"其他利益相关者"的方法

笔者以为，每一项工程其实都可以看作是对某个特定"问题"提供的解决方式，那么"问题"之所以被界定成这样，而不是那样，是因为"对于某个社会团体，它构成了这样的问题"[2]，比如早期自行车是前轮高后轮低的设计，但当时英国的女性普遍流行穿裙装，这为女性骑这样的自行车带来很大的不便，因而设计师们不

---

① 殷瑞钰、汪应洛、李伯聪等：《工程哲学》，高等教育出版社 2013 年版，第 1 页。

② Trevor J. Pinch and Wiebe W. Bijker, "The Social Construction of Facts and Artifacts: Or How the Sociology of Science and the Sociology of Technology Might Benefit Each Other", *The Social Construction of Technological Systems*, Massachusetts: MIT Press, 1987, p. 30.

得不被迫思考进行重新设计以满足女性的要求。也就是说，作为同质的"利益相关者"，必须在"问题界定"上具有一致性；然而，一项工程在涉及不同同质群体之间在关于"问题界定"上总是相互冲突的，依然以自行车设计为例，轮子之所以被设计成高轮的原因是为了满足年轻男性喜好运动的功能需求，不过这显然又与女性追求安全的需求相左，但他们对于"自行车"的设计来说却都是"其他利益相关者"，因为"自行车"这一人工物对于两个群体成员都是有意义的。也就是说，所有受某一人工存在物影响的群体都可以被看作"其他利益相关者"，而现实的和潜在的"消费者"或"使用者"是其中最重要的一部分。

二 "其他利益相关者"参与工程设计的必要性分析

（一）人工存在物社会争议的发起者

与工程共同体中其他四个操作子相比，"其他利益相关者"通常都缺乏必要的工程、技术、金融等方面的专业知识，因此很难直接参与到诸如材料的选择、工序—功能的安排、相关异质技术的集成以及土地、劳动资料的优化配置等与工程设计直接相关的活动中去，然而他们却决定着某一人工存在物是否能够在社会中良性运行，也就是人工存在物的社会接受度。

当代工程设计尽管运用了很多先进的计算方法和模拟手段，如CAD/CAM，Pro/Engineering 等，不过其最终的物理实在——无论是产品（如汽车）还是系统（如三峡水电站）——多数"从社会接受度看却是一项失败的'设计'"[1]，因为当它们在人—社会—自然这一三元体系中运行时都引发了一些社会"争议"（controversy）。以三峡工程为例，由于其对生态环境造成的巨大影响，关于三峡工程利弊的争议直至今日仍然在延续。此外，核电站也是这方

---

[1] Oliver Todt, "The Role of Controversy in Engineering Design", *Futures*, Vol. 29, No. 2, 1997, p. 179.

面一个具有代表性的例子。由于潜在的核泄漏和核废料处理问题尚未得到妥善解决，核电站遭遇了严重的社会抵制，"在大多数发达国家试图提高核电站形象及其接受度的尝试都以失败告终"①。

一般而言，"其他利益相关者"主要是通过各种"社会抵制"（social resistance）行为来体现"争议"，比如为反对某一特定工程而进行的公共造势（如厦门群众为抵制 PX 工程上马而进行的街头抗议）或者自发抵制购买某一特定产品等。尽管工程师们似乎"并不承认社会争议对于自己的工作会有怎样理论上或者实践上的影响"②，但当遭遇这种情况时，为了保证人工存在物在社会中的顺利运行，公司或政府不得不在如何捍卫产品、提升企业形象以及影响潜在消费者的态度等公关和营销策略上投入大量的金钱。因为此时人工物的技术轨道和发展路径已经形成，很难对工程本身进行改造，只能影响社会舆论。

我们愿意相信，很多引发争议的工程或是产品原本内在地都是向着——解决某一关系国计民生的重要问题——这一善的目的的，那么为何却引起了理论上本该"受益"的"使用者"和"消费者"的抵制呢？笔者以为，这是因为尽管在产品或工程系统面向社会之前，工程师们会通过建立各种预测模型或试验来试图纳入更多的社会变量因素，但是他们主要追求的还是诸如"工程效率"、"成本效率"（即输入和输出的单纯比值）之类非常狭隘的目标，可是当人工存在物真正处于社会系统的场境之中时，它们却被用"环境友好""社会福祉"之类的规范性原则和价值观来考问，比起工程建造是如何的精良，"其他利益相关者们"显然更"关心工程项目对自己的生活与工作环境的影响，工程项目的风险状况，对

---

① Oliver Todt, "The Role of Controversy in Engineering Design", *Futures*, Vol. 29, No. 2, 1997, p. 181.

② Ibid., p. 180.

生态环境的负面效果等等"①。

在现行的工程设计理念下，"争议"是无法避免的，因为人工存在物不仅仅扮演着人类生存和发展的物质手段的角色，它同时还按照自己的方式规训、形塑着人与人、人与自然、人与社会之间的关系，而很多时候人工存在物的这种规训方式甚至超出了设计者最初的预期。以信息技术为例，信息技术最初从军事转为民用是为了打破时—空界限实现即时通信，然而随着各类社交网络工具如脸书、Skype和虚拟现实如多人网络游戏等的出现，人类原始的社交性却被破坏了，这些新型信息技术的广泛应用不仅没能拉近人与人之间的距离，反而使身体的亲近性对于有意义的社会互动来说变得越来越不重要，于是人情变得越加冷漠，人们将更多的时间投入在虚拟现实上，滋生出一系列的社会疾病。在笔者看来，要有效地避免"争议"就必须改进现有的设计理念，将"其他利益相关者"的意见纳入设计过程中，毕竟这时"不仅人们如何思考、如何解释人工物是存在柔性的，而且在人工物将如何被设计上也是存在柔性的"②，使"争议"尽可能在设计阶段规避掉的做法相比于人工存在物引入社会系统之后再发起的各种公关补救措施，在成本上显然也是最经济的。

（二）"用物"是设计者与"使用者"的协同建构

当前的设计思维秉持的是这样一种单向度模式：由于"功能"是"用物"的前提，于是通常都是由设计者按照自己对"问题"的界定来找到一种技术上的解决方式，然后强加给社会环境，设计者们不仅试图按照对工程或产品有益的方向来引导社会环境，而且还试图"通过将设计者自己的观点铭写到设计之中来界定使用者

---

① 郑文范、张蕾：《论工程的本质与工程创新管理》，《东北大学学报（社会科学版）》2013 年第 4 期。

② Trevor J. Pinch and Wiebe W. Bijker, "The Social Construction of Facts and Artifacts: Or How the Sociology of Science and the Sociology of Technology Might Benefit Each Other", *The Social Construction of Technological Systems*, Massachusetts: MIT Press, 1987, p. 40.

的角色"①。然而，当人工存在物成为"此在"时，使用者们却并不总是遵照设计者的初衷实施使用，而是在这一过程中充满了误用（设计外的使用）、滥用（加速人工存在物的破坏）、不当使用（没能按照要求使用）②。以桥梁为例，也许诸如乞丐在桥下安身这类的误用并不会带来太多的问题，但若是经常有人从桥上跳下或是朝过往船只扔东西这类事件不断发生，那么设计师是否有责任"不仅仅着眼于传统的结构安全性问题，而是将这些潜在的负面事件也包括在'安全设计'（safe design）的概念之内呢"③？工程师们通常无法预见到产品在未来所有可能的使用方式，如果能够将使用者的意见纳入到后续改进设计中，或许这一问题至少可以得到部分解决。

对于"用物"而言，使用者参与的一个更重要的意义在于可以有效更正"工程的政治性"。美国伦斯勒理工大学 STS 学者兰登·温纳（Langdon Winner）曾公开宣称"人工物是有政治性"的，他举例说，纽约长岛风景区附近的天桥建造的都非常矮，而这是时任纽约桥梁、公园、道路等众多建筑设施总设计师的罗伯特·摩斯（Robert Moses，1888－1981）故意而为之，原因在于摩斯本人有着严重的社会阶层歧视和种族歧视，他不希望穷人和有色人种进入到他所属的风景区，于是将天桥都建造成只有拥有私家小轿车的富有上层和中产的白人才能通过，对于穷人和有色人种，由于他们大多都只能乘坐 12 英尺高的公共交通工具，而这样的高度是无法通过天桥的，因而也就无法进入这一风景区。斯人已逝，我们无法推断天桥的这般设计是否真的是为了实现某一"政治目的"从而达致一种"社会安排"，但如果当初可以将天桥所涉及的所有

①　Oliver Todt，"The Role of Controversy in Engineering Design"，*Futures*，Vol. 29，No. 2，1997，p. 180.

②　［美］卡尔·米切姆、布瑞特·霍尔布鲁克：《理解技术设计》，尹文娟译，《东北大学学报（社会科学版）》2013 年第 1 期。

③　Sven Ove Hansson，"Safe Design"，*Technè*，Vol. 10，No. 1，2006，p. 64.

"利益相关者"的意见都纳入设计讨论中，实现工程师与使用者之间的有效对话，那么至少可以避免为人工物赋予不必要的"政治性"。笔者更愿意相信，"人工物展现出的特殊权力和权威"① 是由于设计师经历、经验的狭隘所致，比如早期的建筑物门前并没有残疾人通道，但这并不是有意侵犯残疾人群体或者腿脚不灵便的年长群体的利益，而很可能是由于早先的设计惯例和教育经验造就了一种设计惯性，再加上设计师本人可能是健康的人，他很难会意识到为那些身体有残缺的人设计一种专门的通道来满足他们的利益，正是之后这些有着专门需求的群体不断"发声"才使得后来的设计中加入了各式残疾人专用通道。可以说，多元化的"其他利益群体"的"在场"对于工程设计来说是必不可少的。

第二节　"其他利益相关者"参与工程设计的障碍

既然"其他利益相关者"尤其是"消费者"和"使用者"对于保证设计在社会中的顺利运行有着如此重要的作用，那么为何在实践中他们却一直没能真正进入设计过程中表达自己的意见，而工程哲学关于此方面的探讨又少之又少呢？笔者以为，究其原因，这与当今社会普遍持有的关于工程、技术的两大迷思不无关系。

关于"迷思"，这里做一些简单说明。人总是历史地生成，每一个人都出生在特定的技术、文化条件里，在成长的过程中出于理解世界的需要将原本从先辈那里继承而来的一些信念看作是先天不证自明的绝对实在，很少对其合法性进行怀疑，这些物质上、精神上免于拷问的信念被称作"迷思"（myth）。例如，中世纪以前人们普遍信仰时间的轮回观，"无论是时间，还是空间，自然或是金钱，甚至包括那些日常生活活动、宗教节日以及季节，在本质上都

① Langdon Winner, *The Whale and the Reactor: A Search for Limits in an Age of High Technology*, Chicago: The University of Chicago Press, 1988, p. 19.

是轮回的"①，然而钟表的发明和广泛使用逐渐颠覆了这一关系，时间在"滴答"声中不断流淌宣告了直至今日线性时间观的诞生，想必今天没有人会对时间是线性向前不断流失的这一观念持怀疑态度。可以说，在关于时间的态度上，人类是用一种迷思取代了另一种迷思。

一　关于两个迷思的分析

（一）"技术自主论"的迷思

"技术自主论"是法国学者埃吕尔于 1964 年在其代表作《技术社会》中首次提出的。他指出，技术（需要注意的是，这里的"技术"是大写的 T，与汉语中的"工程"在语义上是几乎可以互换的，而不是指作为工具的技术）像自然界一样，是"独立于人的一切干预而自我决定的一个封闭机体"②，比如汽车的出现必然要求曾经泥泞不平的羊肠小路被改建成平整的柏油马路，而随后出现的一系列新变化如交通规则的制定、高速路的铺设等也都是汽车这一人工物内在逻辑发展所引发的，人类在这其中只是顺应技术的要求而已。技术自主论一个直接的后果是"技术决定主义"（technological determinism）的盛行，也就是说，在技术—社会之间的关系上工程、技术决定着社会的运行，这样一来"人类想要将技术引导向某些社会目标的建议充其量都是天真的"③，对于这一点或许有人会反驳说"技治主义在世界各国的滥觞意味着是工程师和技术专家们在为这个社会做每一项技术决策"，然而这些掌握着特殊专业才能的工程师和技术专家们也不过是工程、技术的人类代言人而已，因为他们必须严格按照工程、技术、科学的原则而非人的

①　Willem H. Vandernberg, "*Living in the Labyrinth of Technology*", Toronto: University of Toronto Press, 2006, p.198.

②　陈昌曙、远德玉:《技术选择论》，辽宁人民出版社 1991 年版，第 23 页。

③　Patrick Feng, "Rethinking Technology, Revitalizing Ethics: Overcoming Barriers to Ethical Design", *Science and Engineering Ethics*, Vol.6, No.2, 2000, p.210.

意愿进行材料的选择、工序的优化安排和人工物的建构。以钢厂的设计为例,设计工程师们必须要按照物质流、能量流和信息流各自的运行特点和规律来设计参数值并安排工序,否则就会造成资源的低效使用。如果工程、技术专家都只是用来执行工程的意愿,那显然缺乏专业知识的"其他利益相关者"则既没有能力也没有必要参与到工程的设计过程中来,"在工程设计中加入一些伦理方面考虑的可能性被否定了"①。那么对于工程、技术为人类带来的一些负面效应该如何理解? 比如今天中国由于工业化带来的雾霾环境? 这就涉及技术自主性品格的另一层含义——工程、技术内在是善的,"如果工程造成了一些人类不希望看到的后果(比如取代了工人而造成的失业、环境污染、丧失隐私),那么这只是暂时的,从长远看工程创新将会为所有人造福"②,因此无论是在设计阶段还是工程运行阶段由利益群体"有意识地引导工程是没有必要的,有时甚至会是有害的"③。可以说,技术自主论的迷思将"其他利益相关者"的角色降低为"工程设计中一个没必要的约束条件,因此不应该发挥作用"④。

(二)"技术价值中立论"的迷思

由于过去很长一段时间里,在讨论技术与工程的文献中都充斥着价值中立的论调,因此"关于工程、技术价值中立(value - neutral)的论调虽然在 STS 研究领域已经失去了吸引力,但却依然存在于公众的头脑中"⑤。在持工程、技术价值中立论的人看来,工程也好,技术也罢,只是人类用来实现特定目的的手段而已,如果说它们具有"价值",那也只能是在工程、技术进入使用阶段以

---

① Patrick Feng, "Rethinking Technology, Revitalizing Ethics: Overcoming Barriers to Ethical Design", *Science and Engineering Ethics*, Vol. 6, No. 2, 2000, p. 210.

② Ibid., p. 211.

③ Ibid.

④ Ibid.

⑤ Ibid., p. 210.

后，与设计本身无关，因为设计过程中充满着符号、数学公式、图表、模型假设、试验等表征技术理性的事物，看不到任何诸如隐私、民主、社会正义等价值观方面的考量，至于工程、技术的出现之所以会危及或导致某些价值观冲突，那也是由"人类怎样使用它们造成的罢了"①。最著名的一个价值中立论方面的观点是"枪不杀人，人杀人"（对于这一论点的驳斥，比较有代表性的要数荷兰技术功能论派学者提出的工程、技术的意向性理论。按照他们的观点，每一个人工存在物都有内在的意向性，比如枪的意向性是用来杀人，杯子的意向性是用来喝水，在正常情况下，一个人若要取他人性命一定会选择枪而不是杯子，因此人工存在物的意向性本身就说明了它们不是价值中立的，而是具有特定价值取向的）。由于工程、技术的价值中立论拒绝承认设计过程中是存在社会考量的，从而否定了那些不具备"专家知识"的"其他利益相关者"参与工程设计的可能性，而这恰恰是导致某些工程、技术自诞生之日起就与各种社会价值观发生冲突的主要原因，"在实践中，当社会价值观的考量被排除在外的时候，其他价值观（比如经济方面的价值观）就会主导设计过程"②。

二　关于两个迷思的反驳

一个信念既然被称作"迷思"，就意味着事实本身并非如此，只是人们将其接受为事实而已。那么要直面事实本身，就必须首先打破迷思。因此要将"其他利益相关者"有效地拉回到工程设计过程中并确保他们的意见能够用恰当的设计语言来表达，就必须首先打破现有的两个迷思。

（一）"技术自主论"迷思的反驳——"工程动量"

让我们先来思考一下工程、技术是否真的具有埃吕尔所宣称的

① Patrick Feng, "Rethinking Technology, Revitalizing Ethics: Overcoming Barriers to Ethical Design", *Science and Engineering Ethics*, Vol. 6, No. 2, 2000, p. 210.

② Ibid.

"自主性"品格。还是以汽车的演化为例。1885 年德国人戴姆勒·奔驰发明了第一辆汽车,不过由于那时汽车在外形上与马车并没有太大的区别,不过是在马车上装了一个汽油发动机,虽然提高了速度但造价也不菲,因此很长一段时间来并没有流行起来,只是供富人们消遣的"玩具"而已;直到 1908 年美国人福特发明了 T 型车并同时发明出流水式的生产作业线,使大规模生产成为了可能,从而将汽车的价格降低了很多,普通人也能买得起汽车,汽车逐渐开始取代马车成为代步工具,然后公路、各式法规等与汽车相关的事物也依次出现。

汽车的这一简要发展史回顾表明,一个人工存在物与社会的互动关系并不是随时间而对称的,即,谁一直决定着谁,"工程系统的演化是时间依赖的(time – dependent)"①:当工程、技术尚处于设计阶段或者刚刚进入社会时,来自外部环境的各种影响(如文化差异、政治格局、经济条件、消费者态度等)比较容易被纳入到人工物中去,换言之,这时社会建构工程、技术的痕迹比较明显,例如汽车出现早期人们对其可有可无的态度、崎岖的山路等外部条件都阻碍了汽车的进一步发展。其实我们可以发现,大部分持社会建构论观点的学者们在得出社会场境如何形塑人工物的时候讨论的案例发生的时间轴大多集中在人工物的萌芽期,比如平齐、比克著名的自行车案例。但随着造物活动的不断发展壮大,"工程系统开始以某些特殊的方式影响环境"②,将越来越多曾经作为外部环境的事物集成为自身的一部分,使工程系统得以稳定运行。T 型车在市场中推广开来以后,柏油马路、交通规则等与汽车这一事物相关的、曾经作为外部环境或约束条件出现的"场境"被整合到汽车系统之中,这样一来汽车的发展更加独立于外部影响,然而这

---

① Thomas. P. Hughes, "Technological Momentum", *Does Technology Drive History? The Dilemma of Technological Determinism*, Massachusetts: The MIT Press, 1994, p. 108.

② Ibid. , p. 111.

并不意味着汽车系统就具有了自主性或对社会的决定性品格。美国技术史学家 T. P. 休斯用"工程动量"（technological momentum）的概念对成熟工程系统表现出的决定性特征进行了阐释和澄清：随着一个人工存在物在社会中的运行，它会聚集大量的"工程动量"，比如，汽车系统首先催生了与自身直接相关的专门生产设备和投资模式，进而还催生了相应的交通系统以及专门研发汽车的工程院校和一批具有特殊才能的工程师，此外还催生出汽车的保养维护等附加事物等等，这些系统虽然都有着各自的既得利益集团和运行规则，但它们同时对于强化汽车系统沿着既有的技术轨道运行起着重要作用，使其呈现出一种表面上的自主性。大动量工程系统除了表现为上述固执地执行原有价值观的自主性外，还表现为对其作尤其是重大改动是非常困难的，因为这意味着从系统本身到社会场境都进行一场范式上的转变，而这是需要付出极大代价的，比如需要设计和安装新的设备，对新的理论进行阐释和验证，工程师们需要学习新技能等。

按照工程动量的解释框架，如果将工程系统的演化比作一条线段的话，那么在线段一端——即，工程的设计、酝酿阶段——充满着各种包括技术理性和非技术的规范性价值观之间的协商从而表现出浓厚的社会建构的痕迹，在线段的另一端——即，工程的运行阶段——则呈现出更多的人工存在物不断吸纳、整合、形塑外部场境使其保持原有运行轨道的同时免于来自外界的各种"扰动"，从而表现出浓厚的技术决定的痕迹。不过休斯同时承认，即便是那些具有极高动量的工程系统有时也会由于"偶然性、突如其来的灾难和变革"[1] 而有所改变，而且人类本身的机构和行动也会让人在改变动量中发挥一定的作用，在这一点上，"工程动量"理论与技术

---

[1] Richard F. Hirsh and Benjamin K. Sovacool, "Technological System and Momentum Change: American Electric Utilities, Restructuring and Distributed Generation Technologies", *The Journal of Technology Study*, 2006, pp. 72 – 85.

决定论的主张有着根本上的不同。工程动量理论启示我们，将"其他利益相关者"拉回到工程实践中进行价值观方面的干预是可能的，但最好的干预时机应该是在系统取得巨大动量之前，即系统的设计阶段。

（二）"技术价值中立论"迷思的反驳——"价值敏感设计"

价值敏感设计（value – sensitive design）主张——由于工程的核心部分"设计"包括了关于各种零件（parts）、过程（processes）和系统（systems）的构建，而这一过程中最关键的特征是"选择"，因而设计过程并不是价值中立的，而是充满了各种社会意识和伦理考量，即，对价值敏感的。我国学者虽然并没有使用"价值敏感设计"的表述，但却早在工程哲学建立之初就指出工程的基本特征是"依据一定的价值目标和价值标准"[1]"通过优化选择和动态的、有效的集成，构建并允许一个人工实在的物质性实践过程"[2]。

按照价值敏感设计理论，设计中的价值负荷主要体现在三个方面：第一，关于设计问题的选择。"选择一个目标而放弃另一个意味着在不同目标的相对价值之间做了一个判断，尤其是当这个选择关乎稀有资源的分配和机会成本的时候更是如此"[3]，例如当进行三峡水电站建设的时候，同样的人力、物力资源就无法进行边远地区风能发电项目的研究。这里并不是说三峡水电站的建设是"恶的"，但每一项工程项目都涉及资源的使用和受益人群的分配，因而选择一个项目而不是另一个其实是将一种善凌驾于另一种善之上，设计者每一种这样的选择或放弃都会对一定的利益相关者产生或正面或负面的影响，从而获得"其他利益相关者"或者支持或

---

　　① 殷瑞钰、汪应洛、李伯聪等：《工程哲学》，高等教育出版社 2013 年版，第 13 页。

　　② 同上书，第 15 页。

　　③ Dane Scott and Blake Francis, *Debating Science*：*Deliberation*，*Values and the Common Good*，New York：Humanity Books，2011，p. 214.

者反对的态度。第二，关于"成功"的界定。关于一项工程设计是否获得成功的评价标准从来就不会只是技术层面的成功，"工程的各个社会维度与其是否取得了成功有着直接的关系"①。在这点上我国学者几乎是在工程哲学建立之初就明确表达了自己的立场——"工程是人类为了改善自身的生存、生活条件，并根据当时对自然的认识水平而进行的各类造物活动"②，这样一来显然如二战时德国建立的奥斯维辛集中营这类用于折磨人的工程物无论其在技术细节设计上是怎样完美无瑕，都不能说它是一项"成功"的设计。第三，关于设计中各种手段的使用和副产品的产生。设计过程中总是会涉及选择怎样的技术来实现目标，但这些技术集成之后总会产生一些意料之外的结果（unintended consequences），尤其是对环境带来的影响，于是现行的很多设计都会使用生命周期评价（Life cycle Assessment，即 LCA）来提前预测一个产品在整个生产、使用和废弃过程中花费的环境成本以及带来的潜在收益，一方面为设计决策提供一些必要的信息，另一方面将未来的负面效应降到最低。可以说，设计过程本身就是在恰当的环境价值观约束下进行的。

价值敏感设计其实是为"其他利益相关者"多元化的价值观进入到工程设计过程中提供了一种理论支持。

第三节　恢复"其他利益相关者""在场"的方式与意义

如第三章所分析的那样，工业化之前人工存在物的设计者、制造者同时也是它们的使用者，即"用物"和"造物"在主体身份上是同一的，比如设计、制造耕犁的人自己也使用着耕犁，也就是

---

① Dane Scott and Blake Francis, *Debating Science*：*Deliberation*，*Values and the Common Good*，New York：Humanity Books，2011，p. 221.

② 殷瑞钰、汪应洛、李伯聪等：《工程哲学》第 2 版，高等教育出版社 2013 年版，第 1 页。

说"其他利益相关者"曾经是设计中的参与者，但后来随着以还原论为特征的客观知识将造物过程割裂成不同的部分并交由具有"专业才能"的群体实施，才使得"用物者"被异化、疏离出来成为"被造物者界定"的客体（今天"用物者"要按照"造物者"规定的条件、方式来实施用物过程，甚至有时连"用物"的欲望也是被"造物"创造出来的，"用物者"和"造物者"很多时候对立了起来）。而"其他利益相关者"与设计过程的这一断裂正是——导致当今的很多人工存在物在使用时引发了巨大社会争议从而使其无法整合到更广阔的社会、政治、生态场境中去的——一个重要原因。那么如何重新恢复"其他利益相关者"在设计过程中的"在场"身份呢？对于这一问题的回答，我们首先要明确两点：第一，工程设计——实现多目标、多价值观的优化——的本质决定了"其他利益相关者"参与设计的先天应然性，不过"其他利益相关者"毕竟不具备专业知识，他们在设计中的参与可能会带来一些问题，比如提出一些在技术上暂时无法实现的要求，西方公民社会中某些 NGO 组织对于核废料处理的极端要求虽然是合理的，但至少在当前的技术条件下却还无法满足；第二，由于"工程"含义的复杂性和历史性，我们也很难提出一种可以适用于所有工程设计的"其他利益相关者"参与模型。鉴于此，恢复"其他利益相关者"的"在场"其实是意味着在当前的设计过程中建立一种有限的参与机制来达致"造物者"和"用物者"之间进行持续的相互学习、理解和信息共享。

一　恢复"其他利益相关者""在场"的尝试——"参与式设计"进路

确切地说，"参与式设计"（Participatory Design，简称为 PD）并不是一种理论模型，而更像是一种社会倡议，它发轫于斯堪的纳维亚半岛，最初是为了让计算机系统能够更好地满足用户的需求，"由于它允许每一位使用该系统的用户都能够在设计过程中发挥重要作用，因此代表了计算机系统设计的一种新进路"①。

　　与传统专家主导下的线性、理性的设计模式不同，PD 肯定了争议的存在，因此 PD 的主要特征在于倡导在设计过程中融入并建立一种高度参与机制以便将"其他利益相关者"的价值观、态度等收集、整合进来，因为这样做可以使设计自身在两方面获利：第一，提前澄清争议，避免它们最终演化成严重的社会问题；第二，"其他利益相关者"呈现的不同价值观其实进一步暴露了人工存在物设计时需要考虑的约束条件，这恰好为工程师做"更好的"（better）决策提供了基础，因为当今社会评价一项工程设计是否"成功"的标准早已不再是指它在技术上是如何先进，在经济上是如何有效率，而是要求该设计与自然环境是契合的，同时也"要被所有可能提出反对意见的群体所接受"②。也就是说，将参与式程序（participatory procedures）确立为设计方法论中一个重要部分最终是希望设计面向生活世界并成为"德性设计"，即，帮助工程师做对的事情，而不仅仅停留在把事情做对。

　　目前 PD 在实现形式上先后出现了技术评估（Technology Assessment，简称 TA）和共识会议（Consensus Conference）两种，出于种种原因 TA 在美国首先被取消，不过共识会议却被保留下来，目前各类共识会议已经被包括中国在内的许多国家逐渐引入。共识会议主要是"针对涉及政治、社会利益关系并存在争议的科学技术问题，由公众的代表组成团体向专家提出疑问，通过双方的交流和讨论，形成共识，然后召开记者会，把最终意见公开发表"③。

---

　　① Schuler D and Namioka A, *Participatory Design：Principles and Practices*, New Jersey：Lawrence Erlbaum Associates, 1993, p. xi.

　　② Oliver Todt, "The Role of Controversy in Engineering Design", *Futures*, Vol. 29, No. 2, 1997, p. 185.

　　③ Simon Joss and John Durant, *Consensus Conferences：A Review of the Danish, Duch and UK Approaches to this Special Form of Technology Assessment, and an Assessment of the Options for a Proposed Swiss Consensus Conferences*, Rhode Island：The Science Library, 1994, p. 25. 转引自刘兵、江洋《对共识会议之"共识"的反思》，《中国科普理论与实践探索——2010 科普理论国际论坛暨第十七届全国科普理论研讨会论文集》，科学普及出版社 2010 年版，第 195—204 页。

　　从实践上看，PD 的倡议确实为工程师带来了诸多益处，比如美国科罗拉多州伯德市前些年想要重新设计该地区的市政交通系统，工程师们通过一种高度参与机制鼓励、吸纳不同社会团体和公民参与，最终其设计的"交通大师计划"获得了当地居民几乎一致的支持。而同年对于公共图书馆的重新设计由于仅仅依靠工程师而丝毫不理睬公众，致使该方案引发了巨大争议，最终以计划流产而告终。

二　恢复"其他利益相关者""在场"的意义

　　关于产品设计过程会受到明显的"其他利益相关者"意见影响的论断似乎已没有异议，毕竟一件产品首要的目的是去迎合、满足消费者或使用者的偏好，因此在产品设计中引入 PD，从而恢复"其他利益相关者""在场"的一个重要意义在于至少可以有助于社会争议的早期化解。然而有人或许要发问：在诸如汽车生产线的设计，或者走得更远一些，关于钢铁流程设计，即，那些为产品制造提供生产所必需的基础材料、设备的系统设计是否也有必要建立并完善参与机制来帮助"其他利益相关者"的"出席"？从表面上看，流程设计与各种社会、价值观因素完全无涉，技能的专业化、设备的精密化，再加上其最终生产结果，比如各种规格的钢材料，也并不是直接面向社会层面上异质的消费者，而是为其他产品生产提供原材料，即，面向下一次技术理性主导下的生产，那么这是否意味着这类设计对于"其他利益相关者"的意见是免疫的呢？笔者以为，事实并非如此。西方学者迈克尔·卡隆（Michel Callon）在《形成中的社会：一份关于将技术作为社会学分析工具的研究》中提出了一种看待工程生产的独特视角——操作子网络（Actor - Network Theory）理论，每一件人工物在设计时都会同时涉及许多直接的、间接的异质操作子，而这些操作子本身又是由不同的操作子组成的，层层递推，但最终"操作子网络既不会还原成某一个单独的操作子，也不会还原成某一个网络"①。以汽车生产为例，在第一层网络里，一辆新型汽车的问世要涉及政治、经济、文化、地域等多个组分，而每一项组分又都是由不同的操作子组成，比如构成经济的元素中有各种微观、中观、宏观经济学模型下的市场分析、消费趋势预测等，也有很多非理性元素的考量，非理性消费，如西方制度主义经济学开创者凡伯伦（1857—1929）提出的"位置消费"（ranking consume）（又称为"炫耀性消费"）在中国极为明显，中国人长久以来"不患寡，患不均"的思想演化到今天变成了富人之间消费能力的比拼，以至于车展中经常出现某一富豪"淡定"拍下所有限量款车型的新闻，因为他们试图用这种对"物欲"独霸式的占有方式在同等收入的其他富豪中制造一种"不均"，以满足自己的虚荣心，中国人的这种对于位置消费过分非理性的追求使得西方经济学家们早期甚至预言了中国经济的崩盘，然而事实却是，直至今日位置消费愈演愈烈，中国的经济势头却愈来愈好，以至于西方经济学家们不得不叹息"中国人的经济行为完全不受西方经济学控制，中国人有自己的经济学"。这一分析恰好也表达出笔者的本意，看似是一个单纯的经济学行为，但如果再层层还原的话，会将一些本无相关的隐性操作子也纷纷暴露出来，比如为何中国富人会有今天的举动？地理上人多物寡带来的竞争意识、历史上近代中国落后带来的自卑感、改革开放后新起富豪的迫切认同感等等都共同促成了这一现象。现在，再用 ANT 理论来简要分析一下各类流程设计，看一看"其他利益相关者"事实上是如何保持自己"隐性""在场"身份的。以流程设计中涉及的各种性能标准为例，暂且不说如可靠性、安全性、使用的方便性、不同条件下的适应性、维修简易性等概念本身就体现了工程师对非技

---

① Michel Callon, "Society in the Making: The Study of Technology as a Tool for Sociological Analysis", *The Social Construction of Technological Systems*, Massachusetts: MIT Press, 1987, p. 93.

术因素的考量，仅仅以参数取值为例，如果单纯以技术理性为标准的话，很多取值范围是可以再放宽一些的，甚至限值都是不必要的，但之所以设定成一个值域，是因为超出了这个范围要么会对操作者产生危害，要么会受到使用者的抵制，比如随着环保组织在社会中影响日益增大，终端消费者、使用者都偏好绿色材料，那么为达到这一标准，流程设计中就不得不采取更合理的工序安排、更有效的工序配合和更先进的技术平台来净化、减少二氧化碳排放的总量。这也就是为什么在如塞缪尔·弗罗曼（Samuel Florman）之类的西方工程哲学家眼中，某些技术参数的设定其实并不是由工程师确定的，而是由议员、官僚、法官和陪审团来确定的①。按照这样的分析，在各类工程设计中都尝试建立一种参与机制来帮助"其他利益相关者"的复归似乎是先天的应然性所致。

那么恢复"其他利益相关者"的"在场"有着怎样的意义呢？

除了实践上有助于产品争议的早期化解以外，笔者以为，从理论拓展上看，引入 PD 或者更宽泛地说建立一种合理的参与机制的意义主要体现为两个方面：

第一，有助于将伦理学的讨论话语重新拉回到关于工程的研究中来。米切姆教授在 2012 年北京召开的"哲学、工程、技术论坛"会议上曾向中国工程哲学界的同仁们发问：中国的工程哲学研究中为何伦理学是缺席的？事实上这一问题并不仅仅存在于我国的工程研究中，而是恰如李伯聪教授在一篇文章中不无遗憾地指出的那样，无论是西方还是东方"工程界往往不怎么关心伦理，伦理界往往也不怎么关心工程，二者处于相互疏离、相互遗忘，甚至是相互'排斥'的状况，很少有相互渗透和平等对

---

① Florman Samuel, *Blaming Technology: The Irrational Search for Scapegoats*, New York: St. Martin's Press, 1981, pp. 171–174.

话"①。工程栖身于人—自然—社会的三元情境中,其强实践性和内在的社会性决定了伦理话语应该是如影随形,而且造物实践中蕴含的丰富内容也本可以为伦理解释和伦理原则的诞生提供必要的素材,但事情却很少是这样的,对于这一点,笔者认为,工程界和伦理界在一定程度上对此都有着不可推卸的责任:在工程界一边,流行的观点是——"伦理考量与工程实践是毫不相干的"②,因为"如果设计决策最终要取决于伦理考量的话,哪怕只有一小部分,也会使那些定性的、含混不清的、主观的、有争议的东西随之进入到被喻为工程心脏的朴素定量领域那里去捣乱"③,"工程安身于一个纯粹定量化的世界中,与我们生活的混乱世界没有一点瓜葛,在生活的世界中人们使用着工程师创造的东西做着善事,也做着恶事,不过无论怎样,工程本身与此并无关系"④,既然这样,设计这一存在于功能向结构、思维向存在过渡中的实践样态似乎就更无须与伦理搭上任何关系了。在伦理学界这边,情况也没有好到哪里去。一般而言,无论一般伦理学也好,还是工程伦理学也罢,都将讨论放在那些普遍的、一般的、具有共性的形而上的原则上,而且大多是沿用案例分析这种"滞后进行"方式,即,先发生了相关工程实践,再进行伦理争议的探讨,比如出现在各类工程案例教科书中的经典案例"挑战者号飞船失败"讨论的是工程项目中管理者权威大还是工程师权威大以及工程师如何吹响道德的哨子(whistle – blow)的伦理问题。然而,无论伦理学原则是怎样的完满,案例分析又是怎样的精致,现实中的造物实践很多时候在具体实施情境上总是比已有

---

① 李伯聪:《工程与伦理的互渗与对话——再谈关于工程伦理学的若干问题》,《华中科技大学学报(社会科学版)》2006年第4期。

② Wade Robison, "Design Problems and Ethics", *Philosophy and Engineering*, Manhattan: Springer, 2010, p. 205.

③ Ibid.

④ Ibid.

案例的讨论更为复杂，呈现出一定程度上的"个性"，这就意味着照搬过往的伦理实践经验是很难奏效的，而且更为关键的是，伦理学似乎总是以"事后的补救"姿态救场，也就是说，总是在问题已经产生之后再进行"喋喋不休"的讨论、反思、总结，2011 年日本福岛核泄漏发生后在工程技术界专家积极设法进行补救的时候，伦理学同仁们也在同年的 4S（Society of Social Study of Science，即，科学的社会研究协会）会议上建立了多个分会场专门就日本核泄漏的内在伦理动因进行分析，或许这种对该事件的"后见之明"式的反思对于现有的和后继的其他核电站设计多少会带来一些伦理启示和预警，但却也同时在公众之中掀起了一场延续至今的对科学、技术愈加深刻的不信任感，因此也就难怪会被科学、技术专家们指责了。其实，工程（尤其是设计）并不是真的不需要伦理，伦理也不必只沦为工程的善后，工程与伦理之间现存的这种情形只不过是由于彼此之间尚未找到一种令双方均可以发挥作用且互相满意的合作形式罢了，在笔者看来，参与式设计（PD）恰好为实现二者的这种合作提供了一个对话平台和契机。如前文所述，PD 倡导将"其他利益相关者"以共识会议或者听证会的形式参与到工程的设计阶段中，相比于此前的各种包括米切姆先生提出的周全伦理（plus respicere，plus respicere 是拉丁语，指的是"将更多的因素考虑进来"，是伦理学家面对今天工程造物带来越来越多意想不到的风险所提出的一种伦理规范，要求工程师竭尽可能地将所有风险如对人工存在物的误用、滥用等规避在设计阶段，鉴于其实践上的难度，该倡议引起了很大的争议，同时也遭到了很多同行们的批评和指责）等伦理对话在操作上的难度来说，PD 不仅在实践中易于实现，而且对于双方都有着很大的益处，至少可以促进双方信息的共享，在"问题"界定尚未完成、研究尚未由于集成各种动量形成技术路径之前达致一种共识，避免待产品问世之后再行解决，是有效应对科林格里奇困境的一种措施。可以说，PD 是一种典型的前瞻伦理

（proactive ethics），与大多数伦理原则的"后见之明"品格相比，PD 的前瞻性至少使其在经济上是有效的。不仅如此，PD 还促进了工程效果上的"善"。对于工程而言，设计上的完美、动机上的"善"并不一定最终指向结果的"善"，在这方面最著名的案例是世界上第一颗原子弹的研发，原本爱因斯坦等科学家们是为了防止纳粹首先研制出原子弹，而且原子弹的诞生也是为了第二次世界大战的尽快结束，也就是说，原子弹设计的本意是"善"的，不过当其最终投放在广岛和长崎使数以万计的人致死、致伤时，恐怕很难再有人将其看作"善"了。这样的例子或许有些极端，但类似的工程实践在生活中却并不少见，比如美国制药企业多次被曝光在实验者未知情的情况下拿人体做活体实验来试验新药，如果可以建立 PD 机制，保证"利益相关者"的参与从而保障其"知情同意"，那么至少可以对此类工程活动形成一种必要的监督。我国的工程哲学研究从诞生伊始就强调并推动工程师与哲学家的密切对话与合作，而伦理学家的加入必将为当前工程哲学的研究贡献更多有价值的议题，增进工程与哲学之间的进一步相互理解。

第二，PD 有助于实现工程实践的民主化。"民主"（democracy）与"哲学"的诞生是一样的悠久，而且都始自城邦制的古希腊，之后虽然希腊没落了，但人类历史上这两个最耀眼的智识遗产却传给了后继的西欧社会，这也就是为何公民参政、议政的运动在西方无论是发达社会还是欠发达社会都深入民心，而在我国，延续五千年的文明更强调的是"民众的服从"意识，民主的理念如果从其顶着"德先生"的光环首次现身到今天也不过百余年历史，所以民主化在我国尚未形成气候，表现在工程实践领域就是技术专家治国体制的盛行。然而随着近些年我国一些地区经济的不断发展，显然公民的民主意识逐渐萌发，开始呼吁并更多地参与到一些关系到自身利益的决策当中，前文提到的 PX 项目的取消以及圆明园防渗工程最终的整改都与公众有意识的参与有很大的关系。我国工程研究的学者们敏锐觉察到了这一趋势，并意识到工程实践中存在的诸多伦理困境，于是在《工程哲学》第二版中明确提出"努力促进不同的社会角色、各种价值和利益集团的代表乃至广大公众的参与、对话并力求达到共识"① 是解决这些问题的重要方法和重要环节。工程的民主化在世界各地已经成为一种必然的趋势，是工程面向生活世界、成为"德性工程""伦理工程"的必经途径。

---

① 殷瑞钰、汪应洛、李伯聪等：《工程哲学》，高等教育出版社 2013 年版，第 256 页。

第六章 结 论

　　如前文所述，由于英语世界中总是将"engineering"与"design"作为同义词使用，而且又将 engineering 看作是"工程师按照工程师能力所做的事"[①]，这样一来，在西方，大部分工程哲学学者在对"工程设计"活动进行探讨时会不自觉地将"设计"的合法实践者仅仅限定为"工程师"群体，同时把"设计"发生的场景囿于实验室。毋庸置疑，这样的做法为思考"设计"贡献了很多很好的观点，甚至提供了一些优秀的方法论指导，不过同时却也带来了一定的问题，比如，他们倾向于认为"设计"是一个纯粹的工具理性过程，甚至有些学者由此断言"设计是应用科学"等等。这些研究上的弊端现在已经招致了一些学者的批评，他们纷纷开始对现有实践进行反思，希望能够对所产生的问题有所突破，比如 MIT 工程学系教授布恰瑞利通过对工程设计进行人类学考察的方式提出了"设计，就像语言一样，是一个社会过程"。然而，这类的反思和实践仍然是成问题的，如布恰瑞利这样的研究者或许提出了一些对过去工程设计信仰构成挑战的论点，但值得注意的是，他们的论证过程却是值得商榷的，因为他们依旧将对设计的观照锁定在工程师自身的行为上，而忽略了设计生成和适应的更广阔的语境，这就使得他们在得出部分正确结论的同时却可能使用了错误的

　　[①]　Ibo van de Poel, "Philosophy and Engineering: Setting the Stage", *Philosophy and Engineering*, Manhatton: Springer, 2010, p. 3.

逻辑论证或说其逻辑论证的起点并不完全正确。

中国工程哲学建立的意义一方面在于复归了"工程"作为一个实体的研究地位，从而使"工程"和"技术"的概念无论在语义学上还是实际使用上都不再含混不清；另一方面则在于以李伯聪教授为主导的工程哲学学者们在历史上第一次明确提出了"工程共同体"的概念，并指出工程是在由投资者、管理者、工程师、工人和其他利益相关者构成的工程共同体的语境中完成的。本书以工程共同体为分析框架，将设计活动置于其中，对工程设计与工程共同体之间可能存在的关系样态做历史—哲学角度的梳理，并细致论证了各个操作子对于工程设计从生成到应用的直接的、间接的影响，使得本书得出以下结论：

1. 工程设计是一个工具理性主导下的、理性因素与非理性因素互动互蕴的过程

本书在对投资者、管理者、工程师、工人和其他如消费者、使用者等利益相关者的论述中已经指出工程师的经验、工人的 know - how 以及消费者们的偏好等非理性因素同样对于设计有着不可忽视的影响。不过笔者在这里仍然要强调并指出一点，以使得本书的立场和结论更加清晰。那就是，即使如政治（如政府对于设计的支持或否定的态度）、文化（如特定的价值偏好）、经济（特定利益集团的左右）以及意会知识之类的非理性因素对于设计会产生很大的"扰动"，但是笔者始终认为设计的主导过程是工具理性。这是因为，工具理性是"工程共同体"中各个操作子可以实现对话的基石。哲学在古希腊被称作"爱智慧"，这里的"智慧"从一开始就指的是"逻各斯"或者说"理性"，尽管从哲学刚一诞生起关于"非理性"意义的讨论就不断出现在智者和哲人们的话语之中，甚至还一度出现了如叔本华、尼采之类将"非理性"请上神龛的大师，但由于"非理性"总是不可避免地包含了浓厚的个体体悟，致使这些追求非理性的哲学家彼此之间以及其与读者之间很难形成共识或说很难达致共鸣，从而也就使得关于非理性的追随者总是少

之又少。相比之下，"理性"更容易让人找到共同信仰的基点。依然以布恰瑞利对工程设计所做的人类学考察为例，笔者在正文中已经对这一过度稀释技术理性做法的不当之处进行了分析，此处希望再次进一步指出一点，事实上，无论是拉图尔对科学知识生产做的人类学考察还是布恰瑞利对工程设计做的人类学考察，读者看到的似乎永远是杂乱无章的办公室生活，不过我们却发现在修辞、权威、人际关系等等貌似与理性毫不沾边的琐细生活上最终总是诞生了一个又一个经得起推敲的科学知识或设计产品，这是为什么呢？因为人类学考察所切入的更多是设计过程中非理性的一面，而这些工程师在一起无论其使用了怎样巧妙的修辞格或者有着怎样圆滑的处世技巧，他们必须都是以共同接受的工程知识、科学知识和技术知识这类的工具理性知识为共同对话和思考的起点，也就是说，工具理性过程始终是深埋海底的冰山，而我们所看到的某间办公室一隅的活动只不过是冰山上的一角而已。因此笔者认为，设计是一个工具理性为主导的、理性因素与非理性因素互蕴的过程。

2. 挑战了技术专家治国论和技术决定论的观点

工程共同体概念的提出所具有的一个重要意义在于恢复除工程师外的其他相关群体对于工程造物活动的影响和作用，并凸显人类选择的重要性。投资者、管理者、消费者、使用者等等这些置身于设计室之外的群体貌似对设计活动并没有什么实质的影响，然而需要注意的是，他们永远不会仅仅对工程设计被动接受，投资者的投资额度、政府的政策导向、消费者的接受度和偏好等都会对工程师的设计活动产生扰动，事实上工程设计与真实的生活世界之间更像是一种相互适应、相互形塑的过程，而不是简单的谁决定谁的关系。

除了推演出上述结论外，笔者以为，将设计置于工程共同体中考察，打开设计活动的黑箱，更重要的是在于其本身蕴含的两个潜在的意义：

第一，改进和完善现有的工程史或说广义技术史的写作，为其提供一种新的编史学进路。公允地说，"技术专家治国论"和"技术决定论"的盛行并不能完全归咎于那些所谓的技术本质主义者（technological fundamentalist）① 肆意宣扬的结果，这与技术史写作上一度流行的"影子历史"（shadow history）的编史学进路有很大的关系。在技术史出现后的很长一段时间里，技术史研究并没有受到主流历史研究的认可，这是因为在这些主流历史学家看来，影响历史进程的始终是"人"和"由人所引发的事件"，而不是技术史学家们宣称的冰冷的"技术人工物"。主流史学家的冷漠，再加上技术人工物本身展现出来的高度专业性使得技术史在发展早期进展得非常缓慢。20世纪50年代撰写技术史的群体主要由科学家和工程师构成，这些人笃信"实在论"，认为工程和技术可以引领人类到达一个美好的未来，因为它们是"非政治的，是理性的高级形态"②，必须承认这样的技术史写作程式具有一定的客观性，不过却使技术史学研究染上了浓厚的"内史"倾向，美国著名技术史学者艾芒德·托德（Edmund N. Todd）称这种写史方式为"影子历史"，因为这样的写作趋向于将技术人工物当成是确定的"实在"，其生长、发展、扩散只关乎秩序、合理性和意义，与情境、价值观无涉，这样一来，技术决定主义流行起来也就在所难免，但在托德看来，这却并非反映了真实的技术发展历程，只不过是一个虚幻的影子罢了。事实上，即使今天的技术史写作很多时候也依然延续了内史或说影子历史的进路。当年主流史学家们以将人工物作为治史方法论的核心是对历史的简化为由拒绝承认技术史作为一个学科的

---

① 本质主义者一词原本强调的是信仰的角色，美国技术史学者 Edmund N. Todd 用"技术本质主义者"的称谓来形容"技术专家统治论者"（technocratic），因为在他看来，这些人信奉"实在论"和"决定论"，并坚定地认为他们掌握了某种"已经显明的真理"，这一真理告诉他们未来可以通过理性来实现，而这种信仰使得他们与那些宗教本质主义者别无二致。

② Edmund N. Todd, "Engineering Politics, Technological Fundamentalism and German Power Technology, 1900 – 1936", *Technologies of Power：Essays in Honor of Thomas Parke Hughes and Agatha Chipley Hughes*, Cambridge：MIT Press, 2001, p. 146.

合法存在①，这一点确实切中了以内史为进路的技术史研究的要害，那么如何将主流史学中的元素融入技术史研究中去？笔者以为，将工程共同体拓展为工程活动的情境，考察其中涉及的各个因子对工程设计、规划、决策、建造等活动的影响，一方面有助于打开工程、技术黑箱，打破技术决定的论调，另一方面更有助于工程史与一般史学的融通，至少是为二者的融通建立了一种可能性，同时为工程史开创了一条新的编史学进路。

　　第二，揭示了工程设计的三种特征属性。工程共同体中显性操作子和隐性操作子的协调互动揭示出工程设计的三种属性特征，或者说为工程设计活动中的一些现象尤其是"设计风格"的存在提供了解释：（A）工程设计的路径依赖。创新并不是工程的主要目标，因此在面对一项设计任务时，工程师们总会在方法使用上借鉴或复制已有的方案，这样选择其实也是为了照顾产品在市场上的接受度问题，投资者也好，消费者也好，都不会贸然接受全新的事物，今天转基因产品面对的诸多疑问和责难其中一个原因就在于"转基因"相对于传统事物来说，是一件全新的事物。（B）工程设计的风格依赖。相同的设计方法在被挪用到不同的文化、地区时，经常会呈现不同的设计风格，比如爱迪生的电站在美国推广时没有受到任何阻碍，但到了英国，由于英国人更偏好蜡烛带来的情调，因此在推广过程中就受到了法律、文化方面的重重阻挠，比如按照当时的英国法律规定，电线必须被埋在地下，而不能像在美国那样树立高大的电线杆输电，而且如果某一户人家有用电需求，即使只有一户，供电公司也必须满足，这样一来爱迪生团队就不得不被对如何在地下输电并且如何减少输电过程中的电损耗进行重新研究以满足当地的需要。此外，当时不同的城市在电厂规模、数量和选址

---

　　①　John M. Staudenmaier， "Rationality versus Contingency in the History of Technology"， *Does Technology Drive History*：*The Dilemma of Technological Determinism*，Cambridge：MIT Press，1994，p. 260 – 273.

方面也有诸多区别，比如柏林当时大约有六个大的电厂，而伦敦有超过五十个小的电厂。（C）工程设计的价值依赖。前文已经用价值敏感设计理论分析了设计之前所面临的诸多选择，而每一种选择都对应着一种价值观，做这样的选择而放弃那样的选择（如选择将资金投在水电站的建设上，而不投在风电站建设上）是用一种善凌驾于另一种善之上，而最终每一个工程设计产品又都体现了一种价值观，或者说为某一种价值观服务。

事实上，将工程设计的语境拓展为工程共同体审视，可以清晰地看到在整个设计过程中充满了各种选择（无论是价值观的选择还是仪器、设备的选择）、集成和构建活动，在还原了造物本身的复杂性、打开工程设计黑箱的同时，有力地论证了工程本体论思想。工程，在这里，显然既不是科学的附庸，也不是技术的附庸，设计，也不单单应用了科学知识或技术知识，工程也好，设计也罢，它们都是按照自身实现"是其所是"的。

参考文献

英文文献:

[1] A. A. Harms, etc. Engineering in Time [M]. London: Imperial College Press, 2004.

[2] B. Allenby, D. Sarewitz. The Techno – Human Condition [M]. Massachusetts: MIT Press, 2011.

[3] Bart Kemper. Evil Intent and Design Responsibility [J]. Science and Engineering Ethics, 2004.

[4] Bijker W, Hughes T, Pinch T. The social construction of technological system [M]. Cambridge: MIT Press, 1987.

[5] Broome, T. H. Jr. Imagination for Engineering Ethics [A]. P. T. Durbin. Broad and Narrow Interpretation of Philosophy of Technology [C]. Dordrecht: Kluwer Academic Publishers, 1990.

[6] Carl Mitcham. A Philosophical Inadequacy of Engineering [J]. The Monist, 2009.

[7] Carl Mitcham. Dasein Versus Design: The Problematics of Turning Making Into Thinking [J]. International Journal of Technology and Design Education, 2001.

[8] Carl Mithcam. The Importance of Philosophy of Engineering [M]. New York: Tecnos, 1998.

[9] Carl Mitcham. Thinking through Technology: The Path be-

tween Engineering and Philosophy ［M］．Chicago：The University of Chicago，1994：252.

［10］Carl Mitcham，R. Shannon Duvall. Engineers' Toolkit：A First Course In Engineering ［M］．New Jersey：Prentice Hall Upper Saddle River，2000.

［11］Christelle Didier. Professional Ethics Without a Profession：A French View on Engineering Ethics ［A］．Michael Davis，Billy Vaughn Koen etc. Philosophy and Engineering ［C］．Manhattan：Springer，2010.

［12］Dane *Scott*，Blake Francis. Debating Science：Deliberation，Values and The Common Good ［M］．New York：Humanity Books，2011.

［13］Durbin Paul T. Introduction ［A］．Paul T. Durbin，Critical Prespectives on Nonacademic Science and Engineering ［C］．Bethlehem：Lehigh University Press.

［14］Edmund N. Todd. Engineering Politics，Technological Fundamentalism，and German Power Technology，1900－1936 ［A］．Michael Thad Allen，Gabrielle Hecht ［A］．Technologies of Power：Essays in Honor of Thomas Parke Hughes and Agatha Chipley Hughes ［C］．Cambridge：MIT Press，2001.

［15］Erik W. Aslaksen. An Engineer's Approach to the Philosophy of Engineering ［A］．Newberry et al. Philosophy of Engineering ［C］．Manhatton：Springer，2014.

［16］Florman Samuel. Blaming Technology：The Irrational Search for Scapegoats ［M］．New York：St. Martin's Press，1981.

［17］Heinz C. Luegenbiehl. Ethical Principles for Engineers in a Global Environment ［A］．Michael Davis，Billy Vaughn Koen etc. Philosophy and Engineering ［C］．Manhatton：Springer，2010.

［18］Henry Petroski. Success through Failure：The Paradox of

Design ［M］. Princeton: Princeton University Press, 2006.

［19］ Henry Petroski. To Engineer Is Human: The Role of Failure in Successful Design ［M］. New York: Vintage Books, 1985.

［20］ http: //crs. sagepub. com/cgi/pdf _ extract/11/3/ 102: 120.

［21］ I. Bernard Cohen. The Eighteenth - Century Origins of the Concept of Scientific Revolution ［J］. Journal of The History of Idea, 1976, （37）: 26.

［22］ Ibo van de Poel. Philosophy and Engineering: Setting the Stage ［A］. Michael Davis, Billy Vaughn Koen etc. Philosophy and Engineering ［C］. Manhattan: Springer, 2010.

［23］ J. K. Galbraith. The New Industrial State ［M］. New York: New American Library, 1979.

［24］ John M. Staudenmaier. Rationality versus Contingency in the History of Technology ［A］. Merritt Roe Smith, Leo Marx. Does Technology Drive History: The Dilemma of Technological Determinism ［C］. Cambridge: MIT Press, 1994.

［25］ Ken. C. Kusterer. Know - How on the job: The Important Working Knowledge of "Unskilled" Workers. Boulder ［M］. Boulder: Westview Press, 1978: 18.

［26］ Langdon Winner. The Whale and the Reactor: A Search for Limits in an Age of High Technology ［M］. Chicago: The University of Chicago Press, 1988.

［27］ Lotman Juri, Uspenskij B. A Myth - Name - Culture ［J］. Semiotics.

［28］ Louis L. Bucciarelli. Between Thought and Object in Engineering Design ［J］. Design Studies, 2002.

［29］ Louis L. Bucciarelli. Design Engineer ［M］. Massachusetts: MIT Press, 1994.

［30］Louis L. Bucciarelli. Designing and Learning: A Disjunction in Contexts ［J］. Design Studies, 2003.

［31］Louis L. Bucciarelli. Engineering Philosophy ［M］. Netherlands: DUP Satellite, 2003.

［32］Michel Callon. Society in the Making: The Study of Technology as a Tool for Sociological Analysis ［A］. The Social Construction of Technological Systems ［C］. Massachusetts: MIT Press, 1987.

［33］Nida Eugene. Toward a Science of Translation ［M］. Leiden: Leiden E. J. Brill, 1964.

［34］Nussbaum B. Annual Design Awards ［J］. Business Week, 2005.

［35］Oliver Todt. The Role of Controversy in Engineering Design ［J］. Futures, 1997.

［36］Patrick Feng. Rethinking Technology, Revitalizing Ethics: Overcoming Barriers to Ethical Design ［J］. Science and Engineering Ethics, 2000.

［37］Paul. T. Durbin. Mutiple Facets of Philosophy and Engineering ［A］. Michael Davis, Billy Vaughn Koen etc. Philosophy and Engineering ［C］. Manhatton: Springer, 2010.

［38］Peter Lloyd, Peter Scott. Discovering the Design Problem ［J］. Design Studies, 1994.

［39］Ralph J. Smith, Blaine R. Butler, William K. LeBold. Engineering as A Career, 4th ed. ［M］. New York: McGraw - Hill, 1983.

［40］Richard F. Hirsh, Benjamin K. Sovacool. Technological System and Momentum Change: American Electric Utilities, Restructuring, and Distributed Generation Technologies ［EB/OL］. http// scholar. lib. vt. edu/ejournals/JOTS/v32/v32n2/pdf/hirsh. pdf － 762. 0KB － Electronic Journals.

[41] Schuler. D, Namioka . A [M] . Participatory Design: Principles and Practices. New Jersey: Lawrence Erlbaum Associates, 1993.

[42] Sergio Sismondo. An Introduction to Science and Technology Studies [M] . Hoboken: Wiley – Blackwell, 2003.

[43] Shoshana Zuboff. In the Age of the Smart Machine: The Future of Work and Power [M] . New York: Basic Books, 1988.

[45] Simon. Herbert. The Structure of Ill – Structured Problem [J] . Artificial Intelligence, 1973.

[46] Simon Joss, John Durant. Consensus Conferences: A Review of the Danish, Duch and UK Approaches to this Special Form of Technology Assessment, and an Assessment of the Options for a Proposed Swiss Consensus Conferences [M] . Rhode Island: The Science Library, 1994.

[47] Sven Ove Hansson. Safe Design [J] . Techne, 2006.

[48] Thomas P. Hughes. American Genesis: A century of invention and technological enthusiasm 1870 – 1970 [M] . New York: Viking Penguin, 1989.

[49] Thomas P. Hughes. Human – Built World: How to Think about Technology and Culture [M] . Chicago: The University of Chicago Press, 2004.

[50] Thomas. P. Hughes. Technological Momentum [A] Merritt Roe Smith, Leo Marx etc. Does Technology Drive History? The Dilemma of Technological Determinism [C] . Massachusetts: The MIT Press, 1994.

[51] Trevor J. Pinch, Wiebe W. Bijker. The Social Construction of Facts and Artifacts: Or How the Sociology of Science and the Sociology of Technology Might Benefit Each Other [A] . The Social Construction of Technological Systems [C] . Massachusetts: MIT Press, 1987.

［52］Wade Robison. Design Problems and Ethics ［A］. Michael Davis，Billy Vaughn Koen etc. Philosophy and Engineering ［C］. Springer，2010.

［53］Willem H. Vandernberg. Living in the Labyrinth of Technology ［M］. Toronto：University of Toronto Press，2006.

中文文献：

［1］安维复：《工程决策：一个值得关注的哲学问题》，《自然辩证法研究》2007 年第 8 期。

［2］包国光、钱丽丽：《论技术的起源》，《东北大学学报（社会科学版）》2005 年第 3 期。

［3］鲍鸥：《工程社会学视野中的工程投资者》，《自然辩证法研究》2010 年第 6 期。

［4］布鲁诺·雅科米：《技术史》，蔓菁译，北京大学出版社 2000 年版。

［5］查尔斯·辛格、E. J. 霍姆亚德、A. R. 霍尔、特雷弗·I. 威廉斯：《技术史》，高亮华、戴吾三译，上海科技教育出版社 2004 年版。

［6］陈昌曙：《技术哲学引论》，科学出版社 1999 年版。

［7］陈昌曙、远德玉：《技术选择论》，辽宁人民出版社 1991 年版。

［8］陈昌曙：《重视工程、工程技术和工程家》，见刘则源、王续琨主编《工程·技术·哲学——2001 年技术哲学研究年鉴》，大连理工大学出版社 2002 年版。

［9］陈凡、赵迎欢：《工程设计的伦理意蕴》，见《技术与哲学研究（第二卷）》，陈凡、陈红兵、田鹏颖主编，辽宁人民出版社 2006 年版。

［10］杜淳、李伯聪：《工程研究第 1 卷：跨学科视野中的工程》，北京理工大学出版社 2004 年版。

［11］冯亚利：《中英文化差异及其翻译策略》博士论文，武汉理工大学 2008 年版。

［12］海德格尔：《存在与时间》，陈嘉映、王庆节译，生活·读书·新知三联书店 2006 年版。

［13］金隄：《等效翻译探索》，中国对外翻译出版公司 1998 年版。

［14］卡尔·米切姆、布瑞特·霍尔布鲁克：《理解技术设计》，尹文娟译，《东北大学学报》2013 年第 1 期。

［15］卡尔·米切姆：《通过技术的思考——工程与哲学之间的道路》，陈凡、朱春艳等译，辽宁人民出版社 2008 年版。

［16］孔明安、陆杰荣：《鲍德里亚与消费社会》，辽宁大学出版社 2008 年版。

［17］李伯聪等：《工程社会学导论：工程共同体研究》，浙江大学出版社 2010 年版。

［18］李伯聪：《工程共同体研究和工程社会学的开拓——工程共同体研究之三》，《自然辩证法通讯》2008 年第 1 期。

［19］李伯聪：《工程共同体中的工人——"工程共同体"研究之一》，《自然辩证法研究》2005 年第 2 期。

［20］李伯聪：《工程活动共同体的形成、动态变化和解体——工程共同体研究之四》，《自然辩证法通讯》2010 年第 1 期。

［21］李伯聪：《工程与伦理的互渗与对话——再谈关于工程伦理学的若干问题》，《华中科技大学学报》（社会科学版）2006 年第 4 期。

［22］李伯聪：《工程哲学引论——我造物故我在》，大象出版社 2002 年版。

［23］李伯聪：《关于工程伦理学的对象和范围的几个问题——三谈关于工程伦理学的若干问题》，《伦理学研究》2006 年第 6 期。

［24］李伯聪：《关于工程师的几个问题——"工程共同体"

研究之二》,《自然辩证法通讯》2006 年第 2 期。

［25］李伯聪:《人工论提纲》,陕西科技出版社 1998 年版。

［26］李伯聪:《微观、中观和宏观工程伦理问题——五谈工程伦理学》,《伦理学研究》2010 年版。

［27］李伯聪:《我造物故我在——简论工程实在论》,《自然辩证法研究》1993 年第 12 期。

［28］李伯聪:《选择与建构》,科学出版社 2008 年版。

［29］刘建设:《工程设计软技术》,天津科技翻译出版社 1993 年版。

［30］刘在良:《试论翻译的模糊性》,《山东师大外国语学院学报》1999 年第 1 期。

［31］《马克思恩格斯全集》（第三卷）,人民出版社 1960 年版。

［32］《马克思恩格斯选集》第一卷,人民出版社 1972 年版。

［33］马克斯·霍克海默、西奥多·阿多诺:《启蒙辩证法》,上海人民出版社 2006 年版。

［34］迈克尔·戴维斯:《像工程师那样思考》,丛航青、沈琪等译校,杭州:浙江大学出版社。

［35］J. E. 麦克莱伦第三、哈罗德·多恩:《世界科学技术通史》,王鸣阳译,上海世纪出版集团 2007 年版。

［36］孙大鹏:《自然、技术与历史》,复旦大学出版社 2009 年版。

［37］泰勒:《科学管理原理》,马风才译,机械工业出版社 2007 年版。

［38］唐灵芝:《论等效翻译中文化信息的流失》,《黄冈师范学院学报》2007 年第 4 期。

［39］特雷弗·威廉斯:《发明的历史》,孙维峰、黄剑译,中央编译出版社 2010 年版。

［40］托恩·勒迈尔:《以敞开的感官感受世界:大自然、景

观、地球》，施辉业译，广西师范大学出版社 2009 年版。

　　［41］托马斯.L. 汉金斯：《科学与启蒙运动》，任定成、张爱珍译，复旦大学出版社 1999 年版。

　　［42］汪建平、闻人军：《中国科学技术史纲》，武汉大学出版社 2012 年版。

　　［43］王前：《"道""技"之间——中国文化背景的技术哲学》，人民出版社 2009 年版。

　　［44］维杰伊·格普泰、P. N. 默赛：《工程设计方法引论》，魏发辰译，国防工业出版社 1987 年版。

　　［45］维克多·帕帕奈克：《为真实的世界设计》，周博译，中信出版社 2013 年版。

　　［46］吴焕加：《建筑的过去与现在》，冶金工业出版社 1987 年版。

　　［47］肖峰：《哲学视域中的技术》，人民出版社 2007 年版。

　　［48］徐长福：《理论思维与工程思维》，上海人民出版社 2002 年版。

　　［49］徐长山：《工程十论——关于工程的哲学讨论》，西南交通大学出版社 2010 年版。

　　［50］许良：《技术哲学》，复旦大学出版社 2005 年版。

　　［51］杨盛标、许康：《工程范畴演变考略》，《自然辩证法研究》2002 年第 1 期。

　　［52］殷瑞钰：《建立工程界和哲学界的联盟，共同推动工程哲学的发展》，《自然辩证法研究》2005 年第 9 期。

　　［53］殷瑞钰、李伯聪：《关于工程本体论的认识》，《自然辩证法研究》2013 年第 7 期。

　　［54］殷瑞钰、汪应洛、李伯聪等：《工程哲学（第二版）》，高等教育出版社 2013 年版。

　　［55］殷瑞钰、汪应洛、李伯聪等：《工程哲学》，高等教育出版社 2007 年版。

［56］余道游：《工程哲学的兴起及当前发展》，《哲学动态》2005 年第　期。

［57］袁江洋：《科学史编史思想的发展线索——兼论科学编史学学术结构》，《自然辩证法研究》1997 年第 12 期。

［58］远德玉：《过程论视野中的技术——远德玉技术论研究文集》，东北大学出版社 2008 年版。

［59］张常有、王锋君、孙林夫：《基于灰色系统理论的工程相似度分析》，《计算机应用》2000 年第 20 期。

［60］张彦仲、殷瑞钰、柳百成：《节约型制造科技前沿·工程前沿（第 6 卷）》，高等教育出版社 2007 年版。

［61］郑兰琴、黄荣怀：《隐性知识论》，湖南师范大学出版社 2007 年版。

［62］郑文范、张蕾：《论工程的本质与工程创新管理》，《东北大学学报（社会科学版）》2013 年第 4 期。

［63］朱雪芹：《管理学原理》，清华大学出版社 2011 年版。

后　记

　　修改书稿的这段时间，六年前撰写博士论文时的点点滴滴总是不由自主地涌上心头。对于大部分人来说，我们的一生中大多数时光都好像被困在了一个周而复始的圆圈里，每一天不过都是重复着前一天的生活，没有新意，不停打转。然而即便是这样平淡无奇的人生里，却也总会有那么一两段时光是不管你愿意还是不愿意，都鲜活地烙在你的记忆中永远不能忘却的。我想，于我而言，撰写博士论文的那整整一年就是这样一段时光。那一年，我不知道如何找到精准的词语去描述它对于我全部生命的意义，我只知道，那是一段让我余生往后都引以为豪的岁月。那个时候，每天身在图书馆中，馆外所有的世间事，无论阴晴圆缺似乎都变得无关紧要，我沉浸在对知识的阅读吸收中，心灵接受先哲智识思想的洗礼，那种每当想通一个问题，用文字的形式将自己稚嫩的思想展现出来的内心无限的喜悦，直至今日仍然会带给我满满的沉醉感和幸福感。然而，那一年却也是一段让我这六年里甚至在未来的日子中都不愿、也不想再回首的岁月，因为那种每日苦于无从下笔的煎熬、倍感思想匮乏的焦虑还有博士延期带来的经济上的压力，都令人刻骨铭心。我记得在撰写第三章的时候，突然被第三节卡住了，有太多想要表述的文字，但写出来又都不满意，因为现有文献在这个论题上存在太多的争议，自己笔下每一个观点每一句话其实都是可商榷的，那么如何能在短短一节的篇幅里找到一条正确的路，不误人子弟，又对得起先哲们和前辈们的努力？那段时间，每晚都会在夜深人静的时候到校园里望着天空点点繁星，每晚都在问自己，什么时候能逃得出这个圈？这个博士读的如此艰难心酸，是否还值得？六年过去了，那段独自遥望星辰的景象一直印刻在脑海中，但是当时的问题今天却早已有了答案，我很庆幸、更非常感谢当时的那个自己选择了坚持，因为只有当时的坚持才有了我今天的一切，让我可以做自己喜欢的工作，讲授自己喜欢的课程，读自己喜欢的书，成为更好的自己。

虽然生活中总是有各种磕磕绊绊，但是我却一直觉得自己是个幸运的人，在我刚刚二十岁出头的时候，机缘巧合之下接触到技术哲学这门学科，对于当时那个焦虑未来路在何方的我，那个时候就好像是黑暗中突然升起的一盏烛光，尽管微弱，却足以让我看清前方的路，于是我毅然决然从公共事业管理专业跨专业考研到科学技术哲学门下，并毫不犹豫地在读完硕士后选择了攻读博士，而更为幸运的是，在这后来漫长的十多年求学、工作路上，我遇到了很多对我有知遇之恩的恩师、益友，所以这本书的出版，需要对很多人表示感谢。首先要感谢我的博士导师殷瑞钰院士。于我而言，对于导师，心中更多的是满满的感恩、感动和感激。生活中，殷老师是一个非常温暖的人，许多事情不必我多去抱怨，他都能细微体察并良言开解；学术上，他又是我在这条路上最为坚定的支持者，即便今天已经毕业数年有余，导师依旧用各种方式提携我、鼓励我、肯定我，导师发给我的每一条短信，我都舍不得删除，每当遇到困难自怨自艾的时候，我都会看看导师的嘱咐、鼓励和期望，而这些成了我继续前行的最大动力。我还要感谢我在美国求学期间的合作导师卡尔·米切姆先生，七年前第一次前往美国学习，无论是生活上还是学业上，米切姆先生都给我提供了巨大的帮助，帮我垫付医疗费用，指导我发表英文论文，即便回国后，还自掏腰包带我去新加坡参加国际技术史学会年会，甚至此番再次赴美学习的一切事宜也都是在米切姆先生的帮助和安排下实现的，我始终记得回国前先生对我说的话，他让我一定要至少在这个领域再坚持十年，希望十年后看到一个不一样的我。然而很遗憾，毕业后的这些年，真正投入学习读书的时间少之又少，更多的是被事务性工作缠身，所以每次想到两位恩师的期望，我总是不免自感战战兢兢，觉得辜负了他们的厚望。

我还要特别感谢陈凡老师自我读书、工作以来给我提供了各种扶持和便利条件，此次论文顺利出版也是在陈凡老师的推荐下才实现的；感谢东北大学哲学系所有的老师，他们中的很多人曾经是我的授业恩师，现在又成为我最亲爱的同事和朋友，这场身份上的转变不仅没有给我带来任何所谓职场上的压力和困惑，反而让我可以更加顺畅的适应工作，他们对我的信任和帮助，有的时候甚至让我觉得自己是一个"被宠坏"的孩子。我还要感谢我的家人，你们是我可以不顾一切前行的坐标原点，你们在的地方，就是我心的归宿；最后要感谢生命中所有那些帮助过我的人，我没有办法一一列出你们的名字，但是你们于我的恩情却无时无刻不铭记在我的心里，正是你们无私的爱与帮助，让我变得更加强大，使我不断成为更好的人。仅以此书为约定，余生往后，希望自己始终心怀一份对知识的敬畏和对先哲的敬重。

2019 年 4 月 12 日
写于美国德克萨斯 登顿市